눈깜짝씨의
**짜릿한
우주 견문록**

눈깜짝씨의
짜릿한
우주 견문록

장병선 지음
Amebafish 일러스트레이션

사림

눈깜짝씨에게 보내진 기괴한 삐릿소리

"삐리삐리삐릿."

"삐릿삐릿삐릿삐릿삐릿!!!"

"삐삐삐삐삐삐삐삐삐삐삐릿!!!!"

연이어 들리는 기계음이 천체 삼촌의 연구실을 가득 채운다.

처음엔 작은 소리를 내더니만, 아무 반응이 없자 소리가 점점 거칠어진다.

"아이구, 이게 뭔 소리라냐?"

"그러게나 말이에요. 어머니, 무슨 기계음 같은데…… 이런 큰 소리는 들어본 적이 없는데요?"

"뭐라구? 귀가 간지럽다고? 이히히히. 참~ 너두 성격 한번 이상하다. 난 귀가 아플 정도인데 간지럽다니."

천체 삼촌 연구실에서 좀 떨어진 곳에 살고 있는 귀먹은 99세의 할머니마저도 이 희한한 소리를 듣고는 며느리와 동문서답하는 마당에 막상 소리의 진원지라고 할 수 있는 천체 삼촌의 연구실에서는 이 큰 소리가 들리지 않는 모양이다.

방학을 맞아 천체 삼촌 연구실에 와있는 우리의 주인공 호기심

소녀 별이와 자칭 천재인 엉뚱한 괴짜 천체 삼촌, 순간이동 재주를 가진 눈깜짝씨, 그리고 지구 탐험 중에 우연히 눈깜짝씨 밑에 붙어 따라온 아기 공룡 룡이는 동네를 떠들썩하게 만든 이 소리가 들리지 않는 지 낮잠만 쿨쿨 자고 있다.

"삐 릿!!!!"

"삐----- 삐------------ 삐--------------이---------------."

이젠 기계음도 지쳤나보다. 바람 빠진 고무풍선마냥 점점 소리가 작아진다. 도대체 어디서 보내는 신호일까? 무엇을 알리고 싶은 걸까?

눈깜짝씨의 계기판이 자꾸 깜빡거리는 것으로 보아 천체 삼촌 연구실로 보내는 소리가 맞는 것 같기는 하다. 하지만 막상 소리를 들어야하는 본인들은 깊은 잠에 빠져 깜깜무소식이다.

점점 작아지던 소리는 결국 멈추고 말았다. 우리의 주인공들은 무슨 일이 있었는지도 모른 채 편안한 얼굴로 낮잠을 즐기고 있다. 과연, 눈깜짝씨에게 보내진 저 기괴한 소리의 정체는 무엇일까.

차례

등장인물

방울머리

뱅글뱅글 안경

물음표 티셔츠와 사전

주머니에는 항상 무언가 들어있어 불룩

땡땡이 바지

별이

천체 삼촌

호기심 많고 똑 소리 나는 소녀. 궁금한 것이 너무 많아 입만 열면 질문이 술술. "근데요~." "저기요~." "왜요?" 가 주로 하는 말들이다. 괴짜 삼촌의 엉뚱한 발명품 '눈깜짝씨' 덕분에 태양계 여행을 하게 된다.

소 트림에 대한 연구를 하는 별이의 삼촌. 엉뚱하고 괴짜이지만, 별이에게만은 궁금증을 해결해 주는 최고의 삼촌이다. 장난기 다분한 철이 좀 덜 든 삼촌이지만 혜성의 위험으로부터 지구를 구하라는 중요한 임무를 수행한다.

코를 누르면 커졌다 작아졌다 변신!!!

시계

삼촌한테 얻어입은 붉은 악마 티셔츠

뿔 두 개

Be the Red

눈깜짝씨

용이

더부룩 삼촌

가고 싶은 날짜와 장소를 입력하면 눈 깜짝할 사이에 그곳으로 데려다주는 천체 삼촌의 발명품. 짧은 시간에 머나먼 우주를 여행할 수 있게 해 준다. 우주 여행에서 가족을 만나게 된다.

지구 탐험에서 우연히 '눈깜짝씨' 밑바닥에 붙어서 현실세계로 오게 된 아기 공룡. 입에서 불을 내뿜을 수 있다. 시간여행에서 충격을 받아서인지, 사람과 의사소통이 가능하다.

천체 삼촌의 둘도 없는 친구. 라이벌 관계이다. 늘 속이 더부룩하고 트림을 해댄다. 천체 삼촌만큼 어수룩한 면들이 있어 천체 삼촌의 실험 대상이 되기도 한다.

불타는 천체 삼촌

"앗~ 뜨거~!! 물~ 물!! 물을 줘! 내 몸이 활활 불타오르고 있어."

"아야!"

"크룽크룽!(내 꼬리 그냥 놔두란 말이에욧!)"

"자꾸만 코를 누르는 걸 반복하면 내가 자꾸 커졌다 작아졌다 하잖아용! 그만하라고용!"

천체 삼촌의 몸부림에 한참 낮잠을 자던 별이와 룡이, 눈깜짝씨는 그만 잠에서 깨었다. 잠자다가 난데없이 머리를 맞은 별이, 꼬리를 밟힌 꼬마 공룡 룡이, 그리고 마구마구 휘두르는 천체 삼촌의 손 때문에 커졌다 작아졌다를 반복하던 삼촌의 발명품 눈깜짝씨는 놀라서 일어나 삼촌을 멍하니 쳐다보고 있었다.

뭐가 뜨겁다는 건지 삼촌은 자면서 여기 쿵 저기 쿵 난리법석이었다. 별이가 한참을 흔들어 깨우자 드디어 잠에서 깬 삼촌은 이상한 행동을 멈추었다.

"휴~ 꿈이었나?"

"삼촌! 도대체 무슨 꿈을 꾸셨길래 그러세요?"

"삼촌이 악몽을 꿨지 뭐니. 꿈속에서 내가 불에 활활 타는 거야. 불이 몸에 옮겨 붙고 한여름에 뜨거운 모래사막을 걷는 것처럼 화끈거리는데 어찌할 바를 모르겠더라니깐? 다시 생각해도 진짜 생생하네~~."

천체 삼촌은 불에 활활 타오르던 그 느낌이 다시 살아나는 지 몸서리쳤다.

"휴~ 정말 꿈이길 망정이지. 태양이 그렇게 지구 가까이 왔다면 이 지구는 완전 불난리가 났을 거야."

삼촌은 태양이 지구 가까이로 다가온 그런 꿈을 꾼 모양이다. 태양이라면, 하늘에 떠있는데 불난리는 무슨 얘기란 말인가?

호기심 백만 개 소녀 별이는 비록 꿈속 얘기이기는 하지만, 삼촌의 얘기가 무슨 얘기인지 도무지 이해할 수가 없었다.

"삼촌, 그게 무슨 말이에요? 태양이랑 불난리랑 무슨 관계가 있어요?"

삼촌은 별이의 질문에 또 한 번 큰 소리로 웃었다.

"아하하하하. 나의 사랑스러운 조카 별이야, 태양은 말이다. 단순히 지구에 사는 우리가 보는 저 하늘에 떠있는 작은 원이라고 생각하면 오산이란다. 태양은 우리가 살고 있는 태양계에서 하나밖에 없는 별, 대장으로 영어로는 SUN, 그리스 신화에서는 '태양의 신 헬리오스'가 여기에 해당한단다."

"태양이 별이라구요? 아유, 삼촌은 농담도 잘하셔! 별이라 함은 밤하늘에 빛나는 걸 말하는 거잖아요. 태양이 밤에 보이는 거 보셨어요?"

"아하하하하. 우리 별이가 이제 지구는 좀 아는 것 같은데 우주에 대해서는 아직 잘 모르는 모양이구나. 자, 그럼 이번엔 우주 여행을 떠나볼까? 어때? 눈깜짝군, 태양으로의 여행에 동참해 주겠나?"

"물론입종! 제가 말입니당. 이래봬도 역사상 가장 유명하다는 우주탐사선들의 후예 눈깜짝씨! 아닙니까? 저만 믿으시지용! 그런데…… 아직도 눈깜짝군인가요? 도대체 제 이름이 눈깜짝씨라고 몇 번을 더 말씀드려야 제대로 불러주실 거예용~."

"하하하하~ 눈깜짝군이 입에 붙어서 말이야……. 고쳐보도록 하지. 자, 태양으로 떠나볼까?"

눈깜짝씨의 도움으로 일행은 태양을 향해 출발했다. 별이는 은하철도 999에서나 보던 우주 여행을 직접 하게 된다는 사실에 기쁨을 감출 수가 없었다. 멀리서 바라볼 수 밖에 없었던 천체들을 가까이서 볼 수 있게 된 것이다.

1

별이,
우주 탐험을 시작하다

태양

나도 사실은 별이라고!

저렇게 많은 별 중에서

별 하나가 나를 내려다본다.

이렇게 많은 사람 중에서

그 별 하나를 쳐다본다.

― 김광섭, 「저녁에」 중에서 ―

대기권을 벗어나자 삼촌은 시인이 되었나보다. 갑자기 눈을 지그시 감고 시를 읊조리는 게 아닌가? 게다가 혼자서 감탄했는지 시간이 지나도 눈을 뜰 생각조차 안 한다.

"우와~ 여기가 우주구나! 멀리서 보기엔 깜깜하기만 했는데 별들이 진짜 많다. 너무 예쁘다."

별이는 감탄해마지않으면서 눈깜짝씨의 눈을 통해 우주를 내다보고 있다. 롱이도 우주의 모습이 너무 예쁜지 움직이기는커녕 눈조차 깜빡거리지 않고 쳐다보고 있다.

"자세히 보면 별들이 모여 있는 무리들이 있을 거양. 어떤 것들은 동글납작한 모양이고 또 어떤 건 뱅글뱅글 돌아가는 나선모양, 혹은 아무렇게나 모여 있는 모양 등 여러 가지가 있징? 별들이 이렇게 무수히 많이 모여 있는 집단을 은하라고 행. 우주 공간 속에 있는 무수히 많은 은하들 속을 다니다 보면 아름다운 나선모양을 하고 있는 어떤 은하를 보게 되는데 그 은하에는 약 1천억에서 2천억 개 정도의 별들이 모여 있엉. 그중 하나가 바로 우리가 가려고 하는 태양이라고 하는 별이양."

오랜만에 눈깜짝씨가 정확한 정보를 전달하는 걸 보니 지난 여행 이후 삼촌이 눈깜짝씨를 제대로 손봤나 보다.

"크릉크릉~."

별들을 보고 있던 롱이가 불을 내뿜으면서 소리를 쳤다.

"왜. 롱이야. 응? 어디를 보라는 거야?"

눈깜짝씨의 왼쪽 눈을 통해 우주를 보고 있던 별이는 룡이가 가리키는 방향을 향해 눈을 돌렸다.

"우와~ 너무 아름답다. 저 푸른빛을 띠고 있는 건 바로 지구? 지구 맞지?"

"맞았엉. 여러 개의 행성들이 태양 주위를 돌고 있는데, 그중에 하나, 푸른빛을 띠고 있는 행성이 바로 우리가 살고 있는 지구양. 자세히 살펴보려면 내 코 쪽에 있는 레버를 당경. 줌인기능이 있거등~ 우리가 지금 막 떠나온 연구실도 보일 거양."

"와~ 신기하다."

"크룽크룽~."

눈깜짝씨의 줌인기능을 사용해 연구실을 본 별이는 너무 신기했다. 그러고 보니 넓은 우주 속에서 우리가 살고 있는 집은 아주 작은 곳에 불과했다.

"사실 우주는 무한히 넓기 때문에 우리가 살고 있는 곳이 우주의 어디쯤이다라고 말하는 것은 좀 무리가 있엉. 다만 어느 곳에 속해 있는 지는 알 수 있겠징? 관측할 수 있는 우주가장자리 은하까지의 거리를 계산해 보면 우주의 크기는 약 120억에서 160억 광년(광년: 빛이 1년 동안 가는 거리. 약 9조 5천억 킬로미터) 정도라고 행.

그러고 보면 우리가 살고 있는 곳은 우주에서 그 존재를 알아보기 힘들 정도로 작은 곳이양. 하지만 실망은 하지 망. 보잘 것 없이 작은 공간에 살고 있는 별이는 우주에서 하나밖에 없는 존재이고 그만큼 소중하니깡."

유익한 정보에 교훈까지 주는 눈깜짝씨의 말이 오늘따라 가슴에 와 닿았다. 그새 무슨 인성교육이라도 받은 걸까? 별이는 잘난 척도 안하는 눈깜짝씨를 보며 혹시 무슨 일이 있는 건 아닌가 하는 생각까지 들었다.

지구의 대기권을 벗어나 깜깜한 우주공간에 빛나는 별들을 바라보며 감상에 젖어있던 천체 삼촌이 입을 열었다.

"우리가 살고 있는 지구를 포함해서 태양을 중심으로 모여 있는 행성들을 모두 모아서 태양계라고 한단다. 태양계는 우주 전체에서 보면 아주아주 작은 집단이지만 태양계 자체만으로 본다면 대가족이라고 할 수 있지. 태양계 가족으로는 태양을 중심으로 태양 주위를 돌고 있는 9개의 행성이 있고, 위성, 혜성, 소행성 등이 있는데 모두가 주어진 위치에서 열심히 살아가고 있단다. 우리 별이는 학생답게 학교생활을 열심히 하고 이 삼촌은 우리 지구의 미래를 위해 어마어마한 연구를 하고 룡이는 여전히 불을 잘 다스리고

태양계

말이지. 또 눈깜짝군이 이렇게 우리를 위해 노력봉사하는 것처럼
말이야."

삼촌의 설명을 듣고 있던 별이는 태양계가 한 가족인 것처럼 느
껴졌다.

"근데 별이야. 너 이 삼촌이 네 이름을 지었다는 걸 알고 있니?"
"네? 정말요? 몰랐어요."
"형수님이 너를 막 낳았다는 소식을 듣고 병원엘 찾아갔는데 말
이다. 엄마 품에 안겨 있는 널 보는 순간 머릿속에 딱 떠오른 말이

바로 '별'이었단다. 정말 감동적인 순간이었지."

삼촌은 그 순간이 떠오른다는 듯이 감상에 젖었다. 별이도 삼촌의 지극한 사랑에 감동했다.

"근데 말이다. 별이야, 태양이 별이라고 했던 말 기억하니?"

"네, 스스로 빛을 낼 수 있는 천체를 별이라고 하셨잖아요."

"그렇지. 밤하늘에는 무수히 많은 별들이 있지. 그러면 낮에도 하늘에 별이 있을까?"

"낮에요? 그렇지 않을까요? 별은 영원하니깐요."

"그래, 물론 낮에도 별이 있단다. 그것도 아주 많이, 그렇다면 낮의 하늘에서는 반짝반짝 빛나는 별을 볼 수 없는 이유가 뭘까?"

여전히 감동에 젖어 초롱초롱한 눈망울로 삼촌을 응시하고 있는 별이는 갑작스런 삼촌의 질문에 당황했다.

"잉? 낮에 별을 볼 수 없는 이유요?"

별이는 '별은 밤에 나타나는 거니깐요.'라고 대답하려다가 순간 멈췄다. 태양도 별인데 낮에 나타나기 때문이다. 둘 다 별인데 하나는 낮에만 보이고 하나는 밤에만 보인다니……. 한참 고민을 하던 별이는 갑자기 무슨 생각이 떠올랐는지 무릎을 탁 치면서 큰소리로 얘기했다.

"삼촌! 그건 태양이라고 하는 별이 지구를 환히 비춰주고 있기 때문이에요. 태양이 너무 환하니깐 다른 별들이 힘을 못 쓰는 거라고요!"

"그래, 하지만 한 가지 생각해야 할 게 있어. 사실 태양은 별 볼일 없는 별이란다. 무슨 말이냐 하면…… 눈깜짝군! 좀 설명해 주겠나?"

천체 삼촌은 별이와 둘만 대화를 하자 삐쳐 있던 눈깜짝씨에게 말을 걸었다. 눈깜짝씨는 말 걸어주기를 기다렸다는 듯이 끼어들어 얘기를 시작했다.

"태양은 사실 다른 별들과 비교했을 때 그다지 온도가 높지도 않고 크지도 않기 때문에 그냥 평범한 별이라고 할 수 있엉. 그런데

태양의 모습

왜 그렇게 크고 밝게 보일깡? 그건 지구와 아주 가까이 있기 때문이양. 태양은 비록 별 볼일 없는 별이라지만 그래도 지구에 생명체를 탄생시키고 에너지를 공급해 주는 매우 고마운 별이징."

"삐-삐-삐—."

그때였다. 난데없이 경보가 울리기 시작했다.

"앗! 박사님 어떻게 좀 해 주세용. 조치를 취하지 않으면 온도가 계속 올라가서 제 몸이 녹아버릴지도 몰라용~."

"어쩐지 아까부터 좀 덥다고 생각했었는데……. 어디보자, 무슨 일이 일어난 거지?"

무슨 일에도 여유만만이던 천체 삼촌이 당황한 기색을 보였다. 별이와 룡이는 어쩔줄 몰라 안절부절이었고, 심지어 흥분한 룡이는 입에서 불을 내뿜었다.

"룡이! 그렇잖아도 뜨거운데 너까지 불을 내뿜으면 난 녹아버릴지도 모른다궁!"

다급해진 눈깜짝씨는 룡이에게 자제해 달라고 요청했다. 이것저것 작동을 시켜보던 천체 삼촌은 드디어 해결방법을 찾았는지 비장한 표정으로 단추 하나를 눌렀다.

"쏴- 쏴- 쏴---."

눈깜짝씨 머리꼭대기에서 물이 쏟아지기 시작했다. 별이와 룡이, 그리고 천체 삼촌은 모두 물에 흠뻑 젖었다.

"휴~ 오늘은 완전 불난리에 물난리군."

다행히 눈깜짝씨의 온도는 내려갔지만, 이게 무슨 꼴이란 말인가.

"삼촌! 도대체 어찌된 일이에요?"

"미안하다. 그게 말이다. 사실 이 스프링클러를 설치하면서 우비도 함께 준비했어야하는데, 우비 사러 나갈 시간이 없다보니, 헤헤. 그래도 시원하지 않니?"

"아휴. 하여간 뭐하나 똑떨어지는 게 없다니깐. 눈깜짝씨, 왜 갑자기 뜨거워진 거였어?"

한숨을 내쉬던 별이는 원인을 알 수 없는 열에 대해서 물었다.

"우리가 태양에 너무 가까이 다가왔기 때문이얍. 태양은 거의 수소로 이루어져있고, 중심부의 온도가 우리가 상상할 수 없을 정도로 아주 높앙. 그렇기 때문에 태양 중심부에서는 태양을 구성하고 있는 수소가 활활타고 있징. 이 수소가 타면서 내는 에너지가 바로 태양의 에너지이징. 물론 이 에너지 때문에 우리가 살아가고 있기는 하지만 어휴. 너무 뜨겁넹."

"태양의 에너지 때문에 우리가 살아가고 있다고요? 그건 또 무슨 말이에요?"

별이의 질문에 삼촌이 대답했다.

"사람이 먹고, 자고, 생활하는 데는 반드시 에너지가 필요하단다. 사람은 이렇게 생명활동을 유지하는데 필요한 에너지를 자연

으로부터 얻고 있지. 사람뿐만이 아니라 지구상에 있는 모든 생명체도 에너지가 필요하단다. 지구가 살아가려면 에너지가 있어야 하는데, 지구상에 있는 모든 생명체의 생명활동을 오랜 세월동안 유지시켜 준 에너지는 바로 태양이 준 것이란다."

"자기 몸을 태워 우리에게 에너지를 공급해 주는 태양은 눈물나게 고마운 천체네요."

별이는 자기 몸을 태워서 에너지를 주는 태양과 자기 몸을 태워 빛을 밝혀주는 초를 함께 생각해 보았다.

"자, 여길 좀 보렴. 태양 표면을 직접 볼 수 있는 사람은 몇 없을걸?"

천체 삼촌은 물에 젖은 눈깜짝씨의 눈을 옷소매로 닦으면서 별이와 룡이에게 와보라는 손짓을 했다. 의심 많은 별이는 삼촌에게 다가가 물었다.

"그나저나 이렇게 자꾸 태양 가까이 가는데 괜찮은 거예요? 또 온도가 올라가는 거 아니에요?"

"아휴~ 녀석! 이젠 걱정하지 않아도 된단다. 보호막을 작동시켰거든."

천체 삼촌의 말에 눈깜짝씨는 확신이 서지는 않는다는 듯이 말했다.

"뭐 한번 삼촌을 믿어보자공."

"그래야지. 별 수가 없잖아? 우와~ 근데 저건 다 뭐래요?"

삼촌을 믿기로 하고 눈깜짝씨의 눈을 통해 내다본 태양의 표면은 검은 점들이 여기 저기 널려있었다. 이것이 바로 흑점? 흑점을 맨눈으로 보기는 힘들지만 큰 흑점들은 안개가 짙게 낀 날 맨눈으로도 관측되기 때문에 과학시간에 운동장에서 태양 관측을 하면서 한번 본 적이 있었던 바로 그 흑점이었다.

"그래, 별이야. 흑점은 주위보다 온도가 낮아서 검게 보이는 현상으로 지구에서 보면 어둡지만 태양의 다른 부분에 비해 어두울 뿐 실제로는 밝단다. 망원경으로 관측된 흑점은 정말 우리 피부에 있는 점들처럼 작지만 실제 크기는 어마어마하지?"

"정말 그래요. 저기에 있는 저건 우와~ 지구만 한 것 같은데요."

태양 흑점

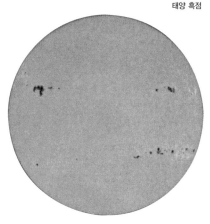

"그래, 큰 것은 지구의 몇 배 정도 되기도 한단다. 그런데 지구에서 흑점을 관측해 보면 흑점이 태양표면에 고정되어있지 않고 움직이는데 이는 태양도 지구처럼 자전하고 있다는 중요한 증거가 된단다."

태양도 움직인다는 사실에 놀란 별이는 입이 쩍 벌어졌다.

"흑점은 11년을 주기로 그 개수가 많아졌다 적어졌다 하는데 이는 태양의 활동주기와 밀접한 관계가 있엉. 태양의 활동이 왕성할 때 흑점 수도 많아지고 이때 태양의 표면에서는 플레어나 홍염과 같은 현상도 활발히 나타나는 거징. 또한 흑점의 활동은 지구의 기후에도 영향을 주는 것으로 나타나고 있엉. 1645년에서 1715년 사이에 태양의 흑점 활동이 거의 중단된 때가 있었는데, 이때 유럽에는 큰 추위가 있었고 미국 서부에는 심한 가뭄이 있었다고 행."

눈깜짝씨도 처음 보는 흑점이 마냥 신기한지 시선을 떼지 못하면서 얘기했다.

"크릉크릉크릉!!!"

"뭐라고? 귀엽게 봐줬더니 꼭 그런 것만은 아니라고? 하하하. 룽이야. 그렇다고 흑점을 너무 미워하지 마라."

자연재해의 위험을 잘 알고 있는 룽이는 태양을 향해 큰 소리로 야단을 친 후, 획 등을 돌렸다.

"그런데 말이다. 태양의 힘을 또 느낄 수 있는 것이 있단다. 바로 오로라지."

"네? 오로라요?"

천체 삼촌의 말에 별이는 의아했다. 오로라라면 밤하늘을 수놓는 오색찬란한 무지개 빛을 말하는 거 아닌가? 주로 북극과 남극 지방의 하늘에서 나타나서 사진으로만 볼 수 있었던 그 오로라. 그 오로라가 태양이랑 관계가 있다는 말에 별이는 더 설명이 필요하다는 눈빛으로 삼촌을 쳐다봤다.

"그래. 오로라는 사실 태양 플레어(흑점 주변에서 일어나는 폭발 현상) 때문에 나타나는 현상인데 정전이나 통신두절과 같은 현상을 만들기도 한단다."

"태양 플레어 때문에 정전이 일어난다고요?"

"박사님 말이 맞앙. 1983년 3월에 있었던 태양 플레어의 폭발로

캐나다 몬트리얼 지방과 퀘벡 지방 일부가 9시간 동안 정전 상태였고, 미국과 일본의 기상 위성과 극 궤도 위성 등이 장애를 일으켰으며, 통신이 두절되는 현상이 나타났었엉. 태양 플레어가 많이 발생했을 때는, 평소에 극지방에서나 볼 수 있었던 오로라를 뉴욕, 런던, 플로리다 등에서도 관측할 수 있었다고 행. 그밖에도 태양 플레어는 지상의 통신이나 선박 유도시스템을 흩뜨리고 때로는 전력망에까지 피해를 주기도 하며 인공위성의 비행에도 영향을 주어 위성이 자기 갈 길을 벗어나게 하기도 했댕. 보기에 멋있다고 해서 좋은 영향만 주는 건 아니징? 물론, 나처럼 잘생기고 속도 꽉 찬 존재도 분명 있기는 한댕……."

눈깜짝씨의 잘난 척에 혀를 내두르는 별이가 아웅다웅하는 사이 룡이가 눈깜짝씨의 계기판을 가리키면서 펄쩍펄쩍 뛰기 시작했다.

"또 무슨 일이야?"

천체 삼촌은 뭔가 캥기는 게 있었던 모양인지 한걸음에 룡이 곁으로 달려갔다. 룡이가 가리키고 있는 곳은 fuel이라고 씌여있는 왼쪽 계기판이었다. 계기판에 빨간 불이 깜빡이고 있었다.

'fuel이라면…… 연료를 말하는 건데. 이번엔 또 연료가 모자라다는 얘기인가? 왜 이렇게 문제 투성이인 거야! 그렇다면, 태양 옆

에 떠있는 눈깜짝씨 안에서 지구로 돌아가지 못하고 우주 미아가

된다는 얘기인데……'

별이는 별의별 상상을 다하면서 부들부들 떨기 시작했다. 그런

데 삼촌은 혼자서 분주하게 뭔가를 막 하더니 곧 여유 있게 뒷짐을

지고 고개를 끄떡이며 서 있는 게 아닌가?

"삼촌!"

"걱정할 필요 없단다. 이 삼촌이 누구냐! 이미 조치를 다 취해놨

다고."

"두 손 놓고 가만히 서

있으시면서 무슨 조치

를 했다는 거예요?"

걱정하고 있는 별이와는 달리 삼촌은 이젠 여유있게 휘파람까지 불고 있다.

"눈깜짝씨, 이제 우리 여기서 이렇게 우주 미아가 되는 거야?"

"걱정 하지 망. 자, 여기 연료 계기판을 보라공. 점점 올라가고 있징?"

"어! 정말이네? 이게 어떻게 된 일이야? 여기 우주 공간에 주유소가 있는 것도 아니고……."

정말이지 놀라운 일이었다. 빨간 표시 밑을 향했던 계기판의 눈금이 점점 올라가고 있는 것이었다. 룡이와 별이는 눈깜짝씨의 주변을 둘러보았지만 주위엔 뜨거운 태양을 제외하고는 아무것도 없었다. 마술 같은 일이 일어나고 있는 것이다. 휘파람만 불어대던 삼촌이 드디어 입을 열었다.

"오늘날 우리는 여러 가지 형태로 에너지를 얻고 있단다. 그중에서 석탄, 석유 등의 화석연료는 거의 고갈된 상태이지. 따라서 다른 에너지의 개발이 필요하단다. 그렇기 때문에 많은 과학자들은 에너지를 개발하기 위해 노력하고 있단다. 그런데 태양은 엄청난 양의 에너지를 끊임없이 만들어내고 있으니 인간으로서는 그런 태양이 마냥 부러운 거지. 그래서 태양을 연구하는 학자들은 태양이

에너지를 만드는 방법을 알아내서 지구에서도 그 방법으로 에너지
를 만들어 보고자 하는 연구를 계속했단다."

인공 태양을 만드는 연구를 하는 과학자들을 생각해 보니 소 트
림을 멈추게 하는 방법을 연구하는 삼촌의 모습만큼이나 희한하
게 생각되었다. 별이의 상상과는 상관없이 삼촌의 설명은 계속되
었다.

"인공 태양에 대한 연구와 함께 별도의 연구가 하나 진행되었는
데, 그것은 바로 태양열 자체를 이용하는 방법이었단다. 생각해 보
렴. 태양은 하늘에 떠서 저렇게 많은 빛과 열을 그냥 우주공간으로
방출하고 있잖니? 저걸 모아 놓고 에너지가 모자랄 때 조금씩 쓴다
면 얼마나 좋을까 하는 생각이 들지 않니?"

"그렇습니당. 실제 우리가 1년 동안 태양으로부터 얻는 에너지
는 지구 전체가 1년 동안 소비한 에너지량의 약 2만 배에 달하는
양이지용. 오래 써도, 많이 써도 없어지지 않는 무한정 에너지고
용. 사용 후에 자연환경을 오염시키는 공해물질을 뿜어내는 다른
자원과는 달리 깨끗한 무공해 에너지이기도 합니당. *끄윽~~~*."

눈깜짝씨는 배부르게 뭘 먹기라도 했는지 트림까지 해가면서 삼
촌의 말을 도왔다. 가만보니 눈깜짝씨의 연료 눈금이 끝까지 올라

가 있었다.

"그래서! 그래서 눈깜짝씨는 어디서 연료를 얻은 건데?"

잔뜩 늘어놓는 설명에 파묻힌 별이는 신경질적으로 대꾸했다.

"왜 화를 내고 그러셩. 지금 그 얘기를 하고 있잖앙. 태양 에너지를 축적했다공."

"태양 에너지?"

"그래, 별이야. 어디서나 공짜로 얻을 수 있는 태양 에너지는 넓은 지역으로 흩어지는 태양열을 얼마나 효율적으로 모을 수 있느냐가 관건이란다. 열을 잘 모으고 모은 열을 잘 보관해 두는 저장 기술을 눈깜짝씨에게 실현시켰지. 이 계기판의 눈금이 올라간 비밀은 바로 거기에 있단다."

천체 삼촌의 말대로라면 지금 눈깜짝씨는 태양이 내뿜는 열을 에너지로 바꿔쓴다는 말이 된다.

"우와. 삼촌 정말 대단해요. 태양이 있는 한 우리는 연료 걱정하지 않고 우주 여행을 계속 할 수 있는 거죠?"

삼촌은 고개를 끄떡이면서 이런 멋진 발명품을 발명한 자신을 자랑스러워했다.

태양의 신 헬리오스와 아폴론

태양마차의 주인공! 헬리오스

태양계의 유일한 별인 태양은 영어로 '썬 (Sun)' 이라고 하는데요, 그리스 신화에서는 '태 양의 신' 인 헬리오스(Helios)가 여기에 해당합 니다.

태양마차를 모는 헬리오스

그리스 신화에서 헬리오스는 티탄족 신인 히페리온과 테이아 사이에서 태 어났습니다. 달의 여신 셀레네, 새벽의 여신 에오스와는 형제 사이이며, 파에 톤의 아버지입니다.

여러분! 우리가 낮 동안 태양을 볼 수 있는 이유가 뭔지 아세요? 그건 바로 태양의 신 헬리오스의 부지런함 때문입니다.

태양의 신 헬리오스는 새벽의 여신 에오스의 인도를 받아 매일 아침 네 마리 말이 끄는 태양마차를 몰고 동쪽하늘에서 출발하여 낮 동안 찬란한 빛을 비추 며 서쪽하늘을 향해 가로질러 달려갑니다. 그리고 저녁에 서쪽하늘에 도착하 여 하늘 아래쪽에 있는 바다로 내려갑니다. 서쪽바다에 도착한 헬리오스는 다 음날 다시 동쪽하늘에서 떠오르기 위해, 큰 황금으로 된 배를 타고 밤 사이에 서쪽바다에서 동쪽바다로 갑니다. 그러고 보니 태양은 잠시도 쉴 틈이 없겠네 요. 우리가 자고 있는 밤 사이에도 계속 움직여야 하니 말이죠. 그래도 태양은 우리에게 낮 동안의 환한 빛을 비춰주기 위해 부지런히 움직이고 있답니다.

　나중에 헬리오스는 제우스와 레토 사이에서 태어난 아폴론에게 태양신의 자리를 물려주게 됩니다. 헬리오스는 로마의 솔(Sol)과 같은 신이며 로마의 여러 신들 중에서도 가장 중요한 위치를 차지한다고 합니다.

파에톤

　파에톤은 그리스어로 '빛나는' 또는 '눈부신' 이라는 뜻을 가지고 있는데요, 태양신 헬리오스와 클리메네 사이에서 태어난 아들입니다. 파에톤은 아버지의 태양마차를 본 후 그 웅장하고 거대한 모습에 반해 자기도 한 번 태양마차를 몰고 싶다는 생각에 하루는 아버지로부터 태양마차를 빌려 신나게 몰았습니다.

　어린 소년을 태운 태양마차는 빠른 속도로 날면서 제멋대로 이리저리 돌아

태양마차에서
떨어지는
파에톤

다녔습니다. 파에톤은 자신이 태양신의 아들이라는 것과 태양마차 모는 것을 친구들에게 자랑하려고 땅으로 가까이 다가갔다가 그만 지구를 불바다로 만들게 되었답니다. 이때 태양의 열기로 들판의 나무와 곡식들이 타게 되었고 강과 바다가 말라 버렸습니다. 전

설에 의하면 적도 부근에 있는 사람들의 피부가 까맣게 된 것과 리비아의 사막이 생긴 것은 이 때문이라고 합니다.

하늘에서 이 모습을 지켜보며 화가 난 제우스는 벼락을 내려 파에톤을 태양 마차에서 떨어뜨렸는데, 요정인 그의 누나들은 그가 떨어지는 것을 보고 슬프게 울다가 포플러 나무로 변했다고 합니다.

아폴론

제우스와 레토 사이에 태어난 아들로 달의 여신 아르테미스와 쌍둥이 남매이고 음악, 활쏘기, 예언의 신입니다. 아폴론은 신들의 심부름꾼인 헤르메스가 만들어 준 현악기 리라를 잘 다루었고 올림포스 산에 있는 신들의 세계에서도 아름답고 위대한 신 가운데 하나로 알려져 있습니다. 아폴론이 태양신이 되는 것은 나중의 일입니다.

태양

플레어

흑점이 많아지면 흑점 주변에서 나타나는 폭발현상이 심해지게 되는데 흑점주변에서 일어나는 폭발현상을 플레어라고 합니다. 플레어는 흑점 주변에서 뿜어져 나오는 일종의 에너지 흐름으로 보통 5~10분 동안 지속되며, 플레어가 발생하면 수소폭탄 100만 개 정도에 해당하는 에너지가 방출된다고 합니다.

플레어는 에너지의 흐름이면서 이 흐름 속에는 전기를 띤 입자들이 섞여있는데 플레어가 우주로 방출되어 지구에 도달하게 되면 지구환경에 여러 가지 영향을 주기도 합니다.

오로라

플레어가 발생할 때 태양에서는 평소보다 많은 양의 전기를 띤 에너지 입자

오로라의 모습

가 쏟아져 나오고 그 때문에 지구로 들어오는 태양 에너지의 양도 많아지게 됩니다. 이 전기를 띤 입자들이 지구 극지방의 공기층으로 들어오게 되면 여러 원소들과 충돌하여 빛을 내는 현상을 말합니다.

오로라는 로마신화에 나오는 새벽의 여신(그리스 신화에서는 에오스)입니다. 그녀는 매일 아침이 되면 제일 먼저 일어나 장미빛 손가락으로 새벽하늘을 물들여 곧 해가 뜰 것을 알려주고 있습니다.

별 · 행성 · 위성

별은 <u>스스로</u> 에너지를 만들어 빛을 내는 고온의 천체로 항성이라고도 합니다. 행성은 태양의 둘레를 공전하는 천체를 말합니다. 태양계에는 수성, 금성, 지구, 화성, 목성, 토성, 천왕성, 해왕성, 명왕성까지 9개의 행성이 있습니다. 마지막으로 위성은 행성의 둘레를 공전하는 천체로 달, 이오, 타이탄 등이 있습니다.

인공태양 만들기

태양은 그 엄청난 에너지를 어떻게 끊임없이 만들까요?

아시다시피 태양은 수소를 태워서 에너지를 만들지요. 그렇다면 우리에게도 수소가 있어야 겠네요. 그런데 수소를 어디서 구할 수 있을까요? 지구의 바다에는 수소가 풍부한데 자그만치 인류가 100억 년 이상 사용하고도 남을 정도의 엄청난 양이 있다고 합니다. 그 수소를 퍼와서 우리도 한 번 수소를 태워볼까요. 그러면 태양만큼 많은 에너지를 얻을 수 있겠지요.

그런데 문제가 있네요. 수소가 타서 에너지를 내려면 온도가 매우 높고 압력

도 높아야 하는데 이 고온, 고압의 상태를 지구에서 어떻게 만들 것이며 고온, 고압 상태를 어떻게 유지시켜 줄까요. 이 문제를 해결하면 에너지 문제도 쉽게 해결될 텐데 말이지요.

그래서 학자들은 온도가 아주 높은 상태를 유지할 수 있는 방법을 꾸준히 연구한 결과 토카막형 저장 방식을 사용하면 태양의 내부와 비슷한 상태를 만들 수 있다는 사실을 알아냈다는군요. 자, 이제 지구상에 인공 태양이 만들어질 날이 얼마 남지 않았네요.

앗! 만약 인공태양을 태양 반대쪽에 만든다면 밤이 없어지는 건가요?

토카막

인공적으로 핵융합 반응을 일어나게 하려면 에너지를 만드는 물질의 온도는 1억 ℃, 물질의 양은 1㎤당 100조 개 정도의 초고온 물질을 약 1초 동안 일정한 용기 속에 저장해 둘 필요가 있습니다. 이때 핵융합 반응이 일어나는 용기에 에너지를 만드는 고온의 물질이 닿으면 용기가 녹아버리므로, 에너지를

토카막

만드는 물질을 강한 자기장에 의해 용기 가운데의 공간에 띄우는 것을 생각하게 되었습니다. 이것이 토카막형 저장방식입니다.

수성

퀴즈대한민국, 내가 누구게?

　태양에서의 한바탕 시끌벅적한 일이 벌어지고 나니 배가 고파오기 시작한 별이와 룡이는 천체 삼촌이 준비한 샌드위치를 맛있게 먹고 있었다. 적당하게 구워진 식빵에 살짝 바른 버터, 그리고 양상추와 햄, 토마토에 계란까지 얹은 삼촌표 샌드위치는 영양은 물론 맛도 좋았다. 룡이는 벌써 두 개를 통째로 다 먹어버렸다.

　삼촌은 맛있게 잘 먹는 별이와 룡이를 흐뭇한 표정으로 바라보고 있었다.

　"삼촌, 삼촌은 안 드세요?"

"이 삼촌은 니들 먹는 것만 봐도 아주 배가 부르다."

'저런 얘기는 주로 엄마가 했었는데……'

갑자기 별이는 엄마가 보고 싶어졌다.

샌드위치를 다 먹은 룡이가 트림을 막 했을 때였다. 눈깜짝씨가 수성에 도착했음을 알렸다.

"자, 그럼 여기 준비되어 있는 우주복을 착용하고 수성으로 나가 볼까?"

우주복을 착용한 별이는 눈깜짝씨 밖으로 나와 수성의 표면에 첫발을 내딛었다.

"근데 표면이 왜 이렇게 까매요? 꼭 선탠한 것 같아요."

코앞에서 본 수성은 표면이 새카맣게 그을린 것 같았다.

"선탠이라고? 하하하, 수성에게 너무 잘 어울리는 말이구나. 수성은 보다시피 덩치가 작아 힘이 아주 약하단다. 그래서 주위 것들을 끌어당기는 힘이 약하고, 태양에 너무 가까이 있어 수성에 있던 공기 성분들은 태양열을 견디지 못하고 대부분 우주로 날아가 버렸지. 그 결과 보호막이 없는 수성의 표면은 강렬한 햇빛을 피할 길이 없어 선탠을 하게 된 거야."

"아, 그래서 수성의 표면이 이렇게 새카
맣게 그을렸군요. 선탠을 좋아하는 사
람들은 수성으로 선탠 여행을 와야겠
는 걸요?"

　"우리 나중에 그런 여행 프로그램을
하나 만들어볼까? 돈도 벌고 미인들도
보고, 이거 완전히 꿩 먹고 알 먹고 일석이
조네. 흐흐흐."

수성

　천체 삼촌은 돈 생각을 하는 건지 예쁜 언니들 생각을 하는 건지
동공이 120퍼센트 확대된 상태로 입을 벌리고 있었다.

　"그런데 말이지용. 말이 선탠이지 수성에서 선탠을 했다가는 거
의 화상 수준일 거라고용. 태양 바로 옆에서 선탠하시려고 수성에
오실 분! 두꺼운 털옷도 준비해 오세용. 태양에 가까이 있는데 웬
털옷이냐고용? 수성의 기온은 낮에는 187도 정도로 뜨겁고, 밤에
는 영하 183도로 온 세상이 꽁꽁 얼어붙을 정도로 춥답니당. 특히
햇빛을 수직으로 받는 부분의 온도는 무려 430도 정도까지 올라
가기 때문에 낮과 밤의 기온차가 600도 정도나 된다고용."

　"끼약! 몇 도라고?"

45

생각만 해도 끔찍한 숫자였다. 한여름에 30도만 넘어도 더워서 죽겠다며 에어컨 빵빵 틀고 아이스크림을 입에 달고 사는데 430도 라니…… 아무리 선탠을 좋아하는 사람이라도 수성에서 살기는 좀 힘들 것 같았다.

"수성은 완전 변덕쟁이네~ 꼭 누구누구 같다!"
별이는 눈깜짝씨를 뚫어져라 쳐다보면서 얘기했다.
"또 시비를 거는 거양?"
별이와 눈깜짝씨가 아옹다옹 다투자 미녀들을 상상하던 천체 삼촌이 나섰다.
"하여간 반나절이 멀다하고 다투는구만…… 둘 다 똑같아. 이 변

덕쟁이들아! 너희들의 변덕은 도대체 어디서 오는 거니? 수성의 변덕은 또 어디서 오는거고!!! 우리 언니들은 어디서 안 오나?"

"크롱!!!!"

자꾸 쓸데없는 상상으로 얘기의 흐름을 방해하는 삼촌을 향해 룡이가 불을 내뿜었다.

"앗 뜨거! 알았다고. 자! 수성의 변덕은 왜 나타나는 걸까? 우리가 지구 탐험을 할 때 행성의 표면을 덮고 있는 공기는 이불과 같은 역할을 한다고 배웠던 거 기억하지? 즉 공기가 지표면을 덮고 있으면 강한 햇빛에 지표면이 직접 가열되는 것을 공기가 어느 정도 차단 시켜주어 온도가 적당히 올라가고 밤에 지표면으로부터 열이 빠져나가려 할 때도 많은 양의 열이 우주로 나가는 것을 막아

주는 거지. 그런데 수성에는 이불 역할을 하는 공기가 없으니 햇빛 받으면 엄청 더워지고 또 밤에는 열이 한꺼번에 빠져나가니 낮과 밤의 기온 차가 커질 수밖에 없는 거 아니겠니?"

"생각보다 쉬운 이유였네요."

혼자서도 차근차근 생각해서 알아낼 수 있었는데 하는 아쉬운 표정을 짓는 별이 앞에 태양의 요상한 모양이 나타났다.

"잉? 저건 또 뭐래요?"

"아, 저거…… 수성만의 자랑거리라고 할 수 있지. 수성에서만 볼 수 있는 멋진 태양쇼~ 쇼쇼쇼~!!!!!"

"저 모양 좀 봐요. 태양이 커졌다 작아졌다를 반복하는데요. 우와, 풍선 같아요."

수성에서 바라본 태양은 그 크기가 마음대로 변했다. 지구에서 만날 보던 태양보다 3배나 더 커졌다.

"그래. 수성이 태양을 중심으로 주위를 돌 때 태양은 중심에 있지 않으며 수성이 도는 길은 찌그러진 타원모양이기 때문에 이런 현상이 일어나는 거란다. 꼭 태양이 요술을 부리는 거 같이 느껴지지 않니?"

천체 삼촌의 설명을 귀 기울여 듣던 룡이는 자기도 태양처럼 요술을 부릴 수 있다면서 입에서 불을 내뿜었다. 작게 내뿜었다가 크게 내뿜었다가……

"앗 뜨거! 데일 뻔했잖아. 조심해야지이~~~."

룡이가 내뿜은 불에 다리를 살짝 데인 별이는 룡이의 머리를 콩하고 쥐어박으려고 했다. 룡이는 처음에는 고개만 살짝 피하더니 별이의 공격을 본격적으로 방어하기 시작했다. 뒷걸음질을 치면서 도망가기 시작하는 룡이와 쫓아가는 별이. 그러다가 룡이가 그만 구덩이에 빠지고 말았다.

"크르르룽!"

"아하하하. 거봐, 그러니깐 왜 장난을 치고 그래!"

"크룽크를룽~."

천체 삼촌의 키보다도 한참 깊은 구덩이에 빠져버린 룡이는 빠져나오고 싶지만 어찌할 바를 몰랐다. 천체 삼촌과 눈깜짝씨도 구덩이에 빠진 룡이를 내려다보았다.

"어쩌냐, 룡이야. 널 구해줄 방법이 없는데."

꺼내달라고 발버둥을 치던 룡이는 삼촌의 냉정한 한마디에 그만 겁을 먹고 말았다. 룡이는 이대로 수성에서 몸이 시커멓게 그을린 채로 생을 마감해야 한다고 생각하니 너무 무서웠다. 순식간에 눈

에 눈물이 글썽글썽 고이더니 눈물이 빗물 흐르듯이 철철 흘러내
렸다.

"쿵~~~~ 쿵쿵~~~~~."

룡이는 이젠 아주 털썩 주저앉아서 목 놓아 울었다. 그런 룡이를
보고 있던 눈깜짝씨가 하는 수 없다면서 눈을 두 번 깜빡거리더니
양쪽 팔을 쭈~욱 늘려 룡이의 양쪽 겨드랑이에 끼웠다. 눈깜짝씨는

번쩍 룡이를 안아들고는 팔을 원래 길이대로 줄어들게 만들었다.

"우와~ 눈깜짝씨, 별 기능이 다 있네! 팔이 늘어났다 줄어들었다 하는 거야? 룡이, 밖으로 나왔으니 그만 울어."

이미 구덩이에서 빠져나온 줄도 모른 채 목 놓아 울고 있던 룡이는 별이의 말에 울음을 멈추고 주위를 둘러보더니 안도의 한숨을 내쉬었다. 룡이의 입에서 까만 연기가 새어나왔다.

"그런데 삼촌, 여기 왜 이렇게 큰 구덩이가 있는 거예요? 그러고 보니 저기도 구덩이가 있네. 어, 여기도…… 크고 작은 구덩이가 너무 많아요."

별이는 주의를 둘러보다가 여기저기 뻥뻥 뚫려 있는 구덩이들을 보고 놀라 삼촌에게 물었다.

"수성은 대기가 없기 때문에 외부로부터 날아온 천체(운석)들을 막아줄 보호막이 없단다. 그 운석들이 수성 표면에 그대로 떨어지면 충돌에 의해서 큰 구덩이가 생기게 되는 거지. 공기도 없고 바람도 안 불고 물도 찾아볼 수 없으니 지표면이 깎이는 작용이 전혀 없어서 구덩이가 그대로 남아서 이렇게 수천 개의 자국들이 있는 거란다."

"근데, 저쪽엔 또 절벽이 있는데요."

"그래, 수성표면에서는 구덩이들을 가로지르면서 발달한 긴 절벽들을 볼 수가 있단다. 이 절벽들을 '링클리지(wringkle ridge)'라고 한단다."

"링클리지요? 음…… 주름진 계곡인가요?"

"하하하. 그래, 주름진 계곡이라…… 멋진 말인데? 이런 계곡은 왜 생겼을까?"

"글쎄요, 구덩이 사이에 절벽들이 생긴 걸 보면, 뭔가 둘 사이에 관련이 있을 것 같다는 생각이 들기는 하는데 왜인지는 잘 모르겠어요."

별이가 머리를 긁적이자 눈깜짝씨도 머리를 긁적이면서 말했다.

"수성은 처음부터 단단한 돌덩어리는 아니었당. 수성이 생긴 지얼마 안 되어 아직 완전히 굳어지기 전에 외부 천체와의 충돌이 있었고 충돌에 의해서 표면에 구덩이가 만들어졌겠징? 그 후 시간이

지남에 따라 수성이 식어가면서 표면이 줄어들어 주름도 생기고, 표면에 틈도 생기게 된 거양. 그리고 그 모습이 지금과 같은 절벽 형태로 나타났으리라고 추측하고 있징."

"그렇구나. 그나저나 룡이야, 너 저리로 떨어졌으면 진짜 큰일 날 뻔했다. 아무리 팔이 쭉쭉 늘어나는 눈깜짝씨어도 널 구해주기 힘들었을 거야. 무사해서 다행이야."

별이는 룡이를 꼭 껴안아줬다. 룡이도 그 짧은 두 팔로 별이를 꼭 껴안았다.

발 빠른 심부름꾼! 헤르메스

수성은 태양에 가장 가까이 있는 행성입니다. 영어로
는 '머큐리(Mercury)'라고 하는데요, 이것은 그리스 신화
에 나오는 헤르메스[Hermes, 로마에서는 메르쿠리우스
(Mercurius)]에서 유래된 것입니다.

그리스 신화에 나오는 헤르메스는 신들의 왕 제우스와 마이아
의 아들로 제우스의 심부름꾼이었습니다. 헤르메스는 젊은 청년
으로 표현되며 날개가 달린 모자와 샌들을 신고, 뱀을 감은
지팡이를 들고 하늘과 땅을 자유롭게 날아다니면서 신들의 소
식을 가장 빨리 전하는 부지런한 심부름꾼입니다.

헤르메스

그리스 신화 속에서 헤르메스는 재미있는 존재입니다. 많은 영웅
들을 돌봐주면서 신으로써의 직분도 상당히 많이 가지고 있는데요. 그는 운동
경기를 주관하는 신이며 상업의 신이고 웅변과 여행의 신이기도 합니다. 뿐만
아니라 목동들의 수호신이기도 하며 문학과 시를 주관하고 다산의 상징이기
도 합니다.

헤르메스는 정말 많은 일을 하는 신이군요. 그렇게 많은 일을 하려니 발 빠
르게 돌아다닐 수밖에요. 그러니 태양 주위를 가장 빠르게 돌고 있는 수성에
어울리는 이름이네요.

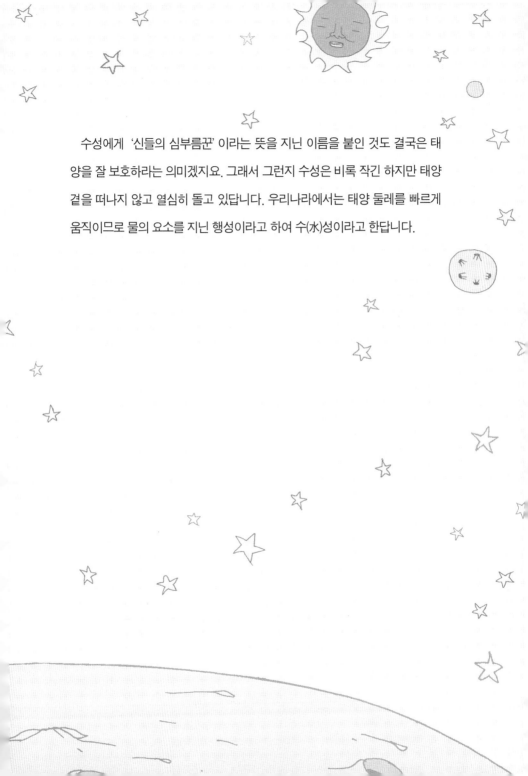

　수성에게 '신들의 심부름꾼' 이라는 뜻을 지닌 이름을 붙인 것도 결국은 태양을 잘 보호하라는 의미겠지요. 그래서 그런지 수성은 비록 작긴 하지만 태양 곁을 떠나지 않고 열심히 돌고 있답니다. 우리나라에서는 태양 둘레를 빠르게 움직이므로 물의 요소를 지닌 행성이라고 하여 수(水)성이라고 한답니다.

수성

대한민국은 퀴즈 열풍에 휩싸여있습니당. 우리도 퀴즈를 한번 풀어볼까용?
자, 시작합니당!!!

"태양에 가장 가까운 곳에 사는 행성으로 달리기를 아주 잘하는 행성이지
용. 꽁무니에 연필을 달고 태양주위를 도는 모습을 우주공간에 그려본다면 아
마도 많이 찌그러진 타원 모양이 나올 겁니당. 이 행성의 이름은 뭘까용?"
"정답! 수성!"

"네~~ 맞습니당. 두 번째 문제, 태양계 행성 중에서 명왕성을 제외하고 행성
중에서 가장 작지만 단단하고 야무진 행성은 무엇일까용?"
"수성!"

"오~ 실력이 보통이 아니신데용? 자 영웅이 되시려는 마지막 문제입니당.
표면은 달과 같이 구덩이들이 많아서 울퉁불퉁하고 위성은 없고 공기도 없는
행성응?"
"수성!"

"네에~ 모두 대단한데용? 퀴즈대한민국 퀴즈영웅으로 등극하셨습니당. 축하드립니당!!!"

수성은 수줍음이 많아서인지 자신의 모습을 잘 보여주지 않네요. 수성은 항상 태양 가까이에서 돌고 있기 때문에 수성을 보려면 태양 근처에서 찾아야 합니다. 그런데 태양이 밝게 빛나고 있을 때는 태양 빛 때문에 그 모습을 볼 수가 없어요. 그래서 해뜨기 전이나 해가 땅 아래로 지고 난 후 잠깐 동안만 수성을 볼 수 있고 해가 없는 한밤중에는 볼 수 없답니다. 그러니 수성을 보기가 힘들겠지요. 옛날 천문학자 중에는 수성의 모습을 평생토록 한 번도 못 본 사람도 있다고 합니다. 수성은 태양의 꽁무니만 따라 다니는 것이 엄마의 치맛자락을 잡고 따라 다니는 꼬마의 모습과 같다고나 할까요.

외계로부터 온 메시지

지구가 위험하다! 지구를 구하라

"자, 이제 그만 수성을 빠져나가 볼까? 수성에서 만나봐야 할 것
들은 대부분 다 만나본 것 같으니 말이야."

"네, 삼촌. 눈깜짝씨, 문 열어줘."

별이는 룡이의 손을 꼭 잡고 눈깜짝씨 안으로 들어갔다. 천체 삼
촌은 벌써 눈깜짝씨를 작동시키고 있었다. 별이는 룡이가 안전벨
트 매는 것을 도와주다가 우연히 전광판을 쳐다보았다. 전광판에
는 한 번도 보지 못했던 그림인지 문자인지 알 수 없는 이상한 모
양이 자꾸만 나타났다가 사라졌다가 하고 있었다.

“눈깜짝씨, 저건 뭐야?”

“뭐 말이얌?”

천체 삼촌은 별이가 손가락 끝으로 가리킨 전광판을 보았다.

“아니, 이…… 이럴 수가…….”

삼촌은 별이가 가리킨 메시지를 본 순간 너무 놀랐다.

“삼촌, 그게 뭔데요?”

“응, 외계로부터 온 메시지.”

“네?”

외계로부터 온 메시지라니……. 별이와 룡이는 놀라서 두 눈이 확 커졌다.

“잠깐만 기다려봐라. 어떻게 이런 일이…….”

삼촌은 분주하게 눈깜짝씨를 작동시키더니 시간이 좀 흘러 굳은 표정으로 고개를 돌렸다. 뭔가 심각한 얘기를 하려는 것처럼 보였다.

“자, 별이, 룡이, 그리고 눈깜짝군! 지금부터 내가 하는 말을 잘 들거라. 전광판에 있는 이 문자들은 바로 몇십 년 전에 지구에서 보내진 행성 탐사선 마리너호가 보낸 메시지란다. 아마도 우리가 오늘 낮잠을 한참 자던 그 시간에 지구로 보낸 모양이야. 내가 원래 잠귀가 좀 밝은데 왜 몰랐을까? 희한하네……. 어쨌든 이런 메시지가 들어왔다는 사실 자체가 너무 대단한 거란다. 자! 내가 해석해 볼 테니 다들 잘 들어보거라. 특히 눈깜짝군, 너무 놀라지 말고 듣게나."

지구별 천체 박사
긴머리털이 꼬리를 뗐다.
태양이 아닌 지구를 향해 가고 있다.
지구가 위험하다. 낮잠 좀 그만 자고~ 흠~~ 지구를 구하라.
Danger! Save!
아~차참, 나의 아들 눈깜짝씨에게 보고 싶다고 전해주기 바란다.
사랑한다. 아들아~.
이상---.

메시지를 해석한 천체 삼촌이 일행을 보니 모두들 멍한 표정이었다. 삼촌은 별이에게 이해하겠냐는 듯한 눈짓을 보냈지만, 별이는 고개를 저었다. 눈깜짝씨는 놀라서 말까지 더듬었다.

"아들? 내…… 내가 아…… 아들이라고용? 내가용? 내강?"

"때가 되면 알려주려 했는데⋯⋯. 의외로 빨리 알게 되었구나. 눈깜짝군! 눈깜짝군의 아버지는 아주 유명한 항해자라네. 이름은 마리너 10, 성은 호 씨라네. 마리너 10호가 바로 자네의 아버지지. 마리너 10호(마리너라는 말은 '항해자' 라는 뜻)는 미국이 행성 탐사를 위해 10여 차례에 걸쳐 발사한 탐사선으로 우리가 방금 다녀온 수성과 금성, 화성을 탐사했지. 눈깜짝군의 아버님께서는 최초로 두 개의 행성(수성, 금성)을 탐사하셨단다. 수성의 사진을 처음으로 찍고, 1974년 3월 29일 수성에서의 활동을 시작으로 많은 관측자료를 지구에 보내주었지. 마리너 10호의 관측자료에 의해 수성의 표면은 많은 구덩이로 이루어져 있고, 표면의 온도 차가 크며, 약한 자기장이 있다는 것을 알 수 있었단다. 즉 우리가 알고 있는 수성에 대한 많은 것들은 바로 눈깜짝군의 아버지의 노력의 결과물이란 얘기지."

"우리 아버지? 그럼 아버진 지금 어디 계신가용?"

"글쎄, 그게 말이지⋯⋯ 거참 어떻게 설명해야 하나? 마리너 10호는 수성 탐사를 끝내고 연료를 다 소비했

마리너호

단다. 지금 어디 계신지는 아무도 몰라. 하지만, 우주 공간 어딘가를 떠돌고 계실 거고, 우리가 우주에 있는 한 만날 수 있을 거란다. 게다가 이 메시지를 보내신 걸 보면 분명 찾을 수 있다는 확신이 드는구나."

"하지만, 전 박사님께서 만드신 걸용?"

눈깜짝씨는 자신에게 가족이 있다는 사실을 도저히 믿을 수 없는 것 같았다. 그도 그럴 것이 가족이라면 엄마, 아빠가 있어야 하는 거 아닌가? 하지만 눈깜짝씨는 천체 삼촌의 발명품이었다. 게다가 삼촌이 얘기하고 있는 눈깜짝씨의 아버지는 미국에서 만든 마리너 10호라니. 도저히 이해할 만한 구석을 찾을 수가 없었다. 천체 삼촌은 눈깜짝씨의 마음을 읽은 듯 자세한 설명을 시작했다.

"꽤 오래된 얘기지. 그러니깐 너희들이 태어나기도 훨씬 전이었단다. 이 삼촌이 아주 꼬마였을 때, 미국 국립항공우주국(NASA)에 세계 각국의 과학자들이 모였단다. 이 삼촌은 태어나자마자 신동소릴 들었기 때문에 물론 초청되었지. 아하하하~ 역시 나의 천재성이란…… 될 성싶은 나무는 떡잎부터 알아본다고 했던가? 음하하하~ 흠흠, 어쨌든 그때의 모임이 바로 우주 여행을 위한 발족식 같은 거였는데, 우리는 각자 만들어낸 탐사선들을 하나로 묶기 위해서 아주 작은 칩을 나누어 가지고 각기 개발하는 탐사선에 내장하기로 했단다. 이 칩들은 혹 지구에 무슨 일이 생길 경우 탐사선들이 모여서 어마어마한 힘을 발휘하는데 사용되도록 설계되었단다."

"근데요, 왜 이제까지 눈깜짝씨의 가족 얘기를 한 번도 안하신 거예요? 그동안 눈깜짝씨가 얼마나 가족을 갖고 싶어했는지 잘 아시잖아요."

무슨 큰 비밀이라도 있는 걸까? 왜 삼촌은 굳이 눈깜짝씨에게 가족 이야기를 비밀로 했던 걸까? 눈깜짝씨도 별이가 궁금해 하는 바로 그것이 궁금했다. 삼촌은 무겁게 입을 열었다.

"그게 말이다. 사실, 우주 여행이라고 하는 것은 간단히 생각할 문제가 아니란다. 아직 미지의 세계잖니? 이 깜깜하고 끝이 어디인지 알 수 없는 공간을 헤맨다는 것은 위험한 일이란다. 언제 어디서 어떤 일을 당할지 아무도 모른다는 거야. 그래서 우주 여행을 하기 위해서는 많은 지식과 연습 과정이 필요한 거란다. 눈깜짝군은 아직 어린 나이야. 게다가 전문적인 우주 여행에 대한 훈련도 받지 않았고 말이야. 만일 이 삼촌이 눈깜짝군의 아버지와 가족들에 대한 얘기를 했었더라면 준비도 안 된 상태에서 가족을 만나러

우주로 가고 싶어했을 거고, 그렇게 되면 가족을 만나기도 전에 상상하기도 싫은 일들이 일어났을지도 모르지 않니? 그래서 눈깜짝군이 어느 정도 능력을 쌓으면 그때 알려주고 스스로 결정할 수 있도록 하려고 했던 거란다."

삼촌은 말을 다 끝내고는 한숨을 내쉬었다. 무거운 짐을 덜었다는 생각이 든 모양이었다. 눈깜짝씨는 삼촌의 마음을 이해한 것 같았다. 좀 유치하고 낯부끄러운 일이기는 하지만 눈깜짝씨는 전광판을 이용해서 하트를 날렸다. 눈깜짝씨에게는 유일하게 가족 같은 존재가 바로 삼촌이었다.

"고마워용. 하지만 전 정말 아빠와 엄마, 그리고 만일 있다면 제 형제들을 찾고 싶어용. 도와주세용, 천체 박사님!"

눈깜짝씨는 차분한 목소리로 천체 삼촌에게 말했다. 삼촌은 한동안 생각하더니 고개를 끄덕였다. 별이도 룡이도 눈깜짝씨에게 힘내라는 말을 전했다.

"근데 말이다. 눈깜짝씨의 가족을 찾는 문제와 더불어 또 한 가지 중요한 일이 있단다."

"네? 그게 뭐예요?"

눈깜짝씨의 가족을 찾는 일보다 중요한 일이 뭐가 있겠는가 싶은 별이.

"아까 마리너 10호가 보낸 메시지를 벌써 잊은 거니?"

삼촌에 말에 눈깜짝씨는 삐릿삐릿 같은 소리를 내더니 큰 소리로 외쳤다.

"맞아용! 긴머리털이 꼬리를 뗐다는 암호 같은 말이 있었지용."

"게다가 지구가 위험하다고 지구를 구하라고 했었는데?"

별이는 눈깜짝씨 가족 이야기에 잊고 있었던 메시지가 지구를 구하라는 다급한 내용이었다는 것을 기억했다. 멀쩡히 잘 있는 지구를 어쩌라는 건지 도통 알 수가 없었다. 게다가 긴머리털은 뭐고 꼬리는 또 뭔지…….

"역시 눈깜짝군의 아버님은 대단한 분이시란다. 이 위급한 메시지에 오류가 생길 위험성까지도 생각을 하셨다니 말이다."

천체 삼촌의 말이 전혀 이해가 가지 않는다는 표정으로 별이와 룡이는 서로를 쳐다보았다.

"그래, 쉽게 설명을 할게. 긴머리털이란 혜성을 가리키는 말이란다. 혜성은 영어로 '카미트(Comet)'인데 '긴머리털의'라는 뜻의 그리스어에서 유래되었단다. 그리스 사람들은 꼬리가 길게 발달한 혜성에서 긴 머리털을 휘날리는 모습을 생각했던 것 같아. 혜성은 돌과 먼지 섞인 눈덩이로 이루어져 있는데, 혜성의 꼬리가 떨어졌다는 얘기는 날아다니면서 먼지와 눈덩이가 녹아버려 결국 돌덩이만 남았다는 얘기란다. 원래 정상대로라면 꼬리가 없어진 혜성은 태양계 사이를 계속 돌아야만 하는데, 뭔가 이상이 생긴 것 같구나. 지구를 향해 가고 있다고 하니……."

"에이, 삼촌 지금 농담하시는 거죠?"

"별이야, 만일 지구와 혜성이 부딪힐 경우엔 지구에 어떤 타격이 올지 모르니 대책을 강구해야 할 것 같다."

별이는 삼촌의 말을 믿을 수가 없었다. 하지만, 평소와 다른 진지한 모습으로 말하는 삼촌에게서 위기감을 느낄 수 있었다. 천체 삼촌은 조종석으로 다가가 앉더니 하늘색 단추를 눌렀다. 그러자 아무것도 없었던 중앙에 커다란 스크린이 생겼다. 삼촌이 허공에 대고 마치 키보드를 누르는 듯한 동작을 하자 스크린에 글씨가 써졌다. 삼촌은 우리나라 대통령을 비롯한 각 나라에 긴급 메시지를 보냈다.

"삼촌, 어서 지구로 돌아가요."

"그래, 그러자꾸나. 하지만 각국에서 우리나라로 모이는 시간이 필요하니 집으로 돌아가는 길에 절세미녀 금성에 들렀다 갈까? 어차피 가는 길이니깐 말이다."

"뭐, 저야 좋지만 괜찮겠어요?"

"그래. 이 문제는 어떻게든 삼촌이 해결할 테니 너무 걱정 말라고! 게다가 금성에 가면 어쩌면 우리 눈깜짝군의 가족을 만날지도 모른단다. 눈깜짝군 가족 중에는 미인이 많단다."

눈깜짝씨는 벌써부터 긴장이 되는 모양이었다. 천천히 우주를 날아다니는 것을 즐기던 좀 전과는 달리 눈을 한 번 꿈쩍 했다. 순간이동을 실행한 것이다.

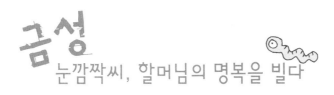

금성
눈깜짝씨, 할머님의 명복을 빌다

"와~ 여기가 금성이에요? 정말 반짝반짝 빛나요. 눈이 부실 정도예요."

"금성은 영어로 비너스(Venus)라고 한단다."

"우와~ 정말 아름다움의 여신이네요. 정말 아름다워요."

눈 깜짝할 사이 금성에 도착한 별이 일행은 눈부실 정도로 빛나는 금성의 아름다움에 넋이 나갔다.

"크릉?"

"응? 뭐라고?"

금성

"크룽!"

"아~ 삼촌, 룡이가 왜 미의 여신인 비너스를 우리나라에서는 금성이라고 부르는지 잘 모르겠다고 하는데요? 비너스와 금성은 아무 상관 없잖아요."

"아하하, 그래. 우리나라에서는 금성을 샛별(계명성, 새벽에 보이는 금성), 또는 어둠별(태백성, 저녁에 보이는 금성)로 부르지. 또한 밝게 빛나므로 금의 요소를 가진 행성이라고 하여 금(金)성이라고 하기도 한단다. 예로부터 우리 선조들은 이 삼촌처럼 내면의 아름다움을 중시했기 때문에 외적인 아름다움에 그다지 신경을 쓰지 않은 모양이야. 어험!"

"삼촌이 내면의 아름다움을 중시하신다고요? 에헤헤헤헤헤, 솔직해 지세요. 삼촌이 아직까지 장가 못간 노총각인 이유가 뭐 다른 건줄 아세요? 너무 예쁜 여자만 밝히니깐 그런 거 아니에요. 물론 2세를 생각한다면 숙모가 예쁘긴 해야 겠지만 삼촌의 외모를 커버할 만한 엄청난 미를 가진 여자가 이 세상에 존재나 할까 모르겠네요. 이러다 정말 노총각으로 늙으실까봐 걱정이에요."

삼촌은 짐짓 근엄한 표정을 지어보았지만 본심을 들켜 당황한 기색이 역력했다.

"삼촌, 금성은 왜 빛이 나는 거죠? 금성은 별이 아니잖아요."

"금성은 달을 제외하고 가장 밝게 빛나서 샛별이라고도 불렀었지. 이 삼촌은 해 뜨기 전 힘차게 빛나는 금성을 보면서 하루를 희망 속에서 시작할 수 있는 용기를 얻곤 했지. 별이 말대로 금성은 별도 아닌데 왜 별보다 밝게 빛나는 걸까?"

질문은 별이가 했는데 삼촌은 답을 해주기는커녕 별이와 똑같은 질문을 반복하고 있다. 아직도 미인들 생각으로 머릿속이 꽉 차 있는 게 분명했다. 헤벌쭉 벌어진 입을 보면 단번에 알 수 있다.

'어찌해야 하나…….'

별이는 룡이를 쳐다보았다. 룡이는 알았다는 듯이 삼촌의 다리를 향해 숨을 들이마셨다가 입을 크게 벌렸다.

"크으으으~응~."

"앗 뜨거!! 흠흠…… 어험, 별이와 룡이는 저기 저 금성을 잘 보고 있으렴. 눈깜짝군, 좀더 가까이 가주겠나?"

삼촌은 이제야 정신이 드는지 민망함을 감추기 위해 헛기침을 하더니 눈깜짝씨에게 지시를 내렸다. 가까이 가본 금성은 두꺼운 구름으로 덮여 있었다.

"비가 오려나봐요? 구름이 무척 많아요. 폭신폭신하겠다."

"하하하. 금성은 구름이 참 많지? 금성으로 햇빛이 들어오면 대부분이 구름에 의해 반사되는데 그 양이 다른 행성에 비해 많단다. 그러니 그렇게 밝게 보일 수밖에…… 또 다른 이유는 금성이 지구와 가장 가까이 있기 때문이란다."

별이는 고개를 끄덕였다. 눈깜짝씨는 금성은 새벽에 해 뜨기 전뿐만 아니라 해가 진 후 서쪽 하늘에서도 볼 수 있다는 설명을 해주었다. 새벽이나 저녁에 약 2시간에서 3시간 정도밖에 볼 수 없어서 아쉽기는 하지만 말이다.

"그리고 또 하나, 맨눈으로 보면 별처럼 하나의 점으로 보이지만 망원경으로 보면 금성도 달처럼 모양이 변한다는 것을 알 수 있엉. 나중에 별이도 박사님 연구실에 있는 망원경으로 직접 관찰해 보라궁."

"나도 또 하나! 금성은 청개구리 거북이란다."

"청개구리 거북이요?"

"그래. 태양 주위를 돌고 있는 모든 행성들은 반시계 방향으로 돌고 있고, 자전 방향도 역시 반시계 방향이란다. 근데, 금성을 보

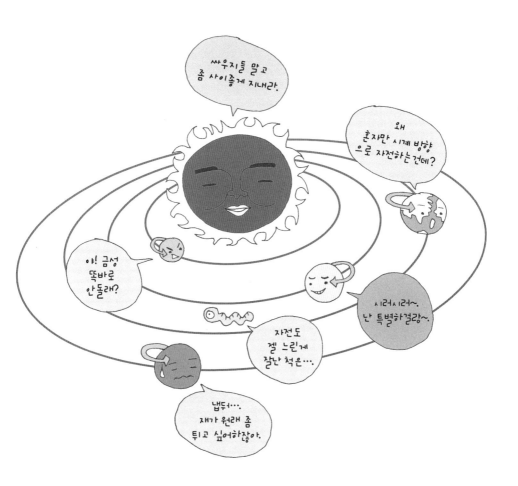

면 그렇지 않다는 걸 알 수 있지. 금성은 다른 행성들과는 반대로
자전을 시계 방향으로 한단다.”

“세상에 불만이 있는 걸까요? 왜 거꾸로 돈데요?”
“글쎄, 아직까지 정확한 원인을 찾지 못했단다. 하지만, 재미있는 사실이 또 있단다. 아까 삼촌이 거북이 얘기했었지?"

"네. 청개구리 거북이 행성이라고 하셨잖아요."

"그래, 그랬지. 거북이란 말이다. 금성이 태양계 행성 중에서 자전이 제일 느리기 때문에 붙여진 별명이란다. 금성의 하루는 지구 시간으로 243일이나 된단다. 태양 주위를 한 바퀴 도는데 걸리는 시간은 약225일이고."

"금성에서는 1년이 하루보다 더 짧네요?"

"금성은 지구와 쌍둥이 행성이라 불릴 정도로 비슷한 점이 많은 행성이란다. 금성이 지구보다 좀 작기는 하지만 크기는 지구와 거의 비슷하지. 보석처럼 아름답게 반짝반짝 빛나고 있어서 더 궁금했는지 많은 탐사선들이 위험을 감수하고 이 먼 곳까지 왔단다."

"위험요? 어떤 위험이요?"

"금성은 지구보다 약 95배 정도나 많은 공기를 갖고 있어서 공기가 누르는 힘이 지구보다 훨씬 컸다는 걸 몰랐던 거야. 가보질 않았으니 당연히 모를 수밖에 없었지. 많은 공기로 인해 지구 탐사선들이 금성에 도착하기도 전에 사정없이 찌그러져 버렸단다."

"찌그러졌다고요? 캔처럼요?"

"그래. 캔처럼……."

별이는 눈깜짝씨가 캔처럼 찌그러지는 모습을 상상했다. 눈깜짝씨도 별이와 똑같은 것을 상상했는지 인상을 찌푸렸다. 어찌보면 우주 여행을 했던 모든 탐사선들은 눈깜짝씨의 조상들 아닌가.

"생각만 해도 끔찍한 일이에요."
"그래. 금성으로서도 미처 예상 못한 일이었을 거야. 자신을 친히 방문해 준 고마운 손님들이 그렇게까지 무참히 찌그러질 줄이야……. 하지만 나중에 간 탐사선들은 이러한 점들을 보완해서 금

성과 무사히 만날 수 있었단다. 또한 탐사선 중에는 금성의 얼굴 모양을 그려준 것도 있지. 그럼 우리도 금성 표면으로 가볼까?"

천체 삼촌의 제안에 별이와 룡이는 고개를 세차게 흔들었다. 심지어 눈깜짝씨는 그대로 멈춰 섰다.

"아하하하, 우리가 찌그러질 위험은 없다고. 걱정 말고 가자니깐? 왜들 이렇게 겁을 먹은 거야! 소심하기는……. 자! 그럼 오랜만에 이 삼촌이 운전 솜씨를 뽐내야겠구나."

삼촌은 가기 싫다고 멈춘 눈깜짝씨를 억지로 작동시켰다.

"으아아아아아아악!"

"크롱크롱크르르르!"

"끼약~~~~~~~~~."

눈깜짝씨와 룡이, 그리고 별이는 겁에 질려 눈을 꼭 감은 채 소리를 질렀다.

"소심한 친구들 눈 좀 뜨지."

금성에 무사히 착륙한 천체 삼촌이 말했다.

"다 온 거예요? 우리 지금 살아있는 거죠?"

별이는 꼭 감은 눈의 한쪽만 살며시 뜨면서 떨리는 목소리로 물었다.

"하하하하. 우리 별이가 겁이 많구나."

삼촌은 큰소리로 웃으면서 별이의 어깨를 두드렸다.

"아니, 근데 왜 이렇게 깜깜해요? 금성은 무척 밝은 행성 아니었나요? 삼촌 혹시 다른 곳으로 잘못 오신 거 아니에요?"

도착한 곳은 지구에서 바라보던 밝은 모습의 금성이 아니었다. 푸른 하늘도 없었고 대낮을 지켜주던 해도, 밤길을 밝혀주던 달도 없었다. 너무 어둡고 깜깜했다.

"상상과는 너무 다르지? 금성은 말이다. 하늘 위 30킬로미터에서 60킬로미터 높이에 황산 구름이 있기 때문에 들어오는 햇빛이 차단되어 낮에도 어둡고 밤은 그야말로 깜깜한 암흑의 세계란다. 또한 황산에서 나오는 유독가스와 높은 온도, 지구보다 95배 정도 많은 공기가 누르는 힘 때문에 생명체가 살기에는 어려운 조건이지. 황산비가 끊임없이 내리지만 도중에 증발해 버리기 때문에 지표까지 내리지는 않아. 황산 구름 속에서는 번개도 친단다."

"깜깜한 것도 무서운데 어두운 하늘에 번개라니요! 금성에서의 생활이 별로 반갑지 않은데요."

"크릉 크릉."

유난히 어두운 것을 싫어하는 룡이는 별이의 다리를 꼭 잡고 오들오들 떨면서 어서 지구로 돌아가자고 했다.

"그래도 이왕 왔으니깐 금성에 대해서 좀더 알고 가야하지 않겠어?"

"그래, 룡이는 내가 지켜줄 테니깐 걱정하지 말공. 이 눈깜짝씨 안에 꼭 붙어 있으라공."

눈깜짝씨가 어른스럽게 말했다.

"자! 그럼 룡이는 눈깜짝씨 안에 있고, 별이와 이 삼촌은 밖으로 나가서 금성을 한번 둘러볼까?"

"네! 삼촌."

눈깜짝씨에서 내린 별이와 삼촌은 본격적으로 금성을 둘러보기 시작했다.

"금성 지표 온도는 약 470도로 태양계 행성 중 표면 온도가 가장 높앙. 가장 화끈하다고 할 수 있징. 또한 어느 곳이나 두꺼운 대기와 구름으로 덮여 있어 금성 표면의 한 지점의 날씨는 다른 지점과 별 차이가 없엉. 날씨는 항상 뜨겁고 건조하고 바람이 거의 없징. 어딜 가나 온도가 비슷해서 낮과 밤의 온도 차를 거의 느낄 수 없을 정도양."

"우와~ 완전 어두운 불가마에서 사우나 하는 기분이겠는 걸."

"자, 그럼 우리 불가마로 뛰어들어 볼까?"

크게 심호흡을 한 별이는 금성으로의 발걸음을 내딛었다. 새벽 하늘에서 바라보면서 소원을 빌곤 했었던 그 별에 있는 거였다. 감회가 새로웠다.

"자, 그럼 여기서 문제 하나를 내보도록 하지. 우리 별이라면 쉽게 맞출 수 있는 문제인데 말이지……. 자, 문제 나간다. 금성에는 두꺼운 황산 구름이 있어 태양에서 에너지가 오면 70퍼센트 이상을 반사해서 되돌려 보낸단다. 태양 에너지의 70퍼센트 이상이 반사된다면 금성의 구름층 온도는 매우 낮을 거란 말이지. 실제로 관측된 금성 구름층의 온도는 영하 40도 정도란다. 그런데 우리가 느끼는 것처럼 금성 표면의 온도는 470도 정도로 행성 중 가장 높단다. 왜 이렇게 차이가 나는 걸까?"

문제가 너무 쉽다는 듯이 별이는 자신 있게 말했다.

"온실효과 때문이지요. 금성 표면을 감싸고 있는 두꺼운 공기층은 대부분 이산화탄소로 되어 있고요. 이산화탄소로 되어 있는 금성의 공기는 공기층을 뚫고 들어온 태양 열이 지표면을 가열한 후 다시 우주로 빠져나가려할 때 잘 빠져나가지 못하게 하니까 그 결과 금성의 온도는 높아지게 되는 것이지요."

천체 삼촌은 역시 자신의 조카 별이라면서 기특해 했다.

"우와, 저것 좀 보세요. 왜 사람들이 지구와 쌍둥이 별이라고 하는지 알 것 같아요."

우주복에 달린 조명으로 이리저리 비춰 금성의 표면을 둘러보던 별이가 소리쳤다. 금성의 표면에는 평평한 땅, 높은 산, 골짜기 등이 골고루 있었다. 지구처럼 바다가 있는 것은 아니었지만, 지구에서 보았던 지형과 비슷한 것들이 많아 더 친숙한 느낌이 들었다.

"어! 근데 저건 뭐죠? 팬케이크처럼 생겼어요!"

금성의 구석구석을 살피던 별이는 독특한 모양의 표면을 보고는 소리쳤다.

"저건 말이다. 지구에서도 볼 수 있는 화산 분출 흔적과 수많은 크레이터(달과 같은 위성이나 수성 같은 행성 표면에 널려 있는 크고 작은 구멍. 운석충돌이나 화산활동으로 생김)들이란다. 특히, 지구에서는 볼 수 없는 독특한 모양의 화산들을 볼 수 있지."

금성에 대한 삼촌의 설명이 계속 이어졌다.

"사람들이 금성을 잘 알 수 있게 된 것은 1989년 미국이 쏘아 올린 금성 탐사선 마젤란호 덕분이란다. 마젤란호는 금성을 탐사하고 금성에 대한 많은 자료를 모았단다."

그때까지만 해도 별 다른 생각 없이 금성의 표면을 살펴보고 있던 눈깜짝씨가 관심을 드러내기 시작했다.

"금성을 탐사했던 탐사선이라면 바로 내 가족이라는 말씀이잖아용? 어서 자세히 얘기를 좀 해보세용. 박사니잉!"

"아까도 얘기했었지만, 사실 금성은 밤하늘에 떠 있는 다른 어떤 별들보다 인간의 호기심을 자극했단다. 너무나 밝고 아름다웠기 때문이지. 그래서 다른 어떤 행성들보다도 많은 수의 탐사선이 금성의 관측을 위해서 보내졌지."

천체 삼촌의 얘기에 눈깜짝씨는 두 눈을 동그랗게 뜨고서 경청했다. 별이와 룡이도 눈깜짝씨의 가족에 대한 얘기인 만큼 숨소리조차 내지 않고 삼촌의 이야기를 들었다.

"1958년부터 미국 국립항공우주국은 행성탐사계획을 세워 실행했단다. 주로 과학적인 관측을 목적으로 13개의 탐사선이 발사되었는데, 이것이 바로 파이어니어 계획이란다. 금성 탐사는 1960년에 미국의 파이어니어 5호를 거점으로 시작되었는데, 이 파이어니어 5호가 바로 눈깜짝씨의 할머니시란다."

"네엥? 저의 할머니라고용?"

천체 삼촌의 말에 눈깜짝씨는 깜짝 놀랐다.

"그럼, 할머니를 만날 수 있나용? 할머니는 지금 어디에 계신가
용?"

눈깜짝씨는 당장에라도 가족을 만날 수 있을지도 모른다는 생각
에 흥분된 목소리로 말했다. 별이와 룡이도 덩달아 흥분상태였다.
삼촌은 이 들뜬 분위기를 어찌해야할지 모르는 것 같은 표정으로
머리를 긁적였다.

파이어니어호

"그게…… 그게 말이다. 흠…… 눈깜짝군, 미안한 얘
기지만 말이다. 눈깜짝군의 할머니께서는 이 인류를
위해서 많은 업적을 남기시고 세상을 떠나셨다네."

"돌아가셨다고요?"

눈깜짝씨를 대신해 별이가 조심스럽게
물어보았다.

"응. 안된 얘기지만 그렇단다. 너희들이
너무나 잘 알고 있듯이 금성은 아름다운
반면 매우 위험한 행성이란다. 물론, 지

금은 마리너호, 베네라호, 파이어니어 비너스호 등에 의해서 비밀이 많이 파헤쳐졌지만 말이다. 초창기에 파이어니어 5호가 금성으로 보내질 때만 해도 공기의 압력이나 온실효과와 같은 각종 정보들이 거의 없었던 상태였거든. 그래서 그만…… 파이어니어 5호는 장렬한 최후를 맞이한 거지.”

인류의 지적 호기심을 위해 위험을 무릅쓰고 금성으로의 탐사를 감행했던 파이어니어 5호를 비롯한 많은 탐사선들의 탐험정신에 모두들 숙연해졌다. 그들의 희생으로 오늘날 금성에 대한 많은 정보를 가질 수 있었고, 그 덕에 천체 삼촌과 별이, 룡이, 그리고 눈깜짝씨가 이렇게 안전하게 금성 여행을 할 수 있는 것 아닌가. 일행은 먼저 세상을 떠난 눈깜짝씨의 조상들을 위해 짧은 묵념의 시간을 가졌다.

“어? 삼촌 저기 좀 보세요.”
묵념을 끝낸 별이는 금성의 저편을 보며 소리쳤다.
천체 삼촌은 별이가 가리키는 방향을 쳐다보았다. 무엇인가가 분주하게 움직이고 있었다. 자세히 보니 탐사선 같았다. 눈깜짝씨가 탐사선 곁으로 다가갔다.

눈깜짝씨는 탐사선과 이야기도 나누고 끌어안기도 하고, 눈물을
훔치기도 했다.

약간의 시간이 흐른 뒤 눈깜짝씨는 다시 별이네 일행 곁으로 돌
아왔다. 돌아오면서도 못내 아쉬운지 몇 차례나 뒤를 돌아보았다.

"눈깜짝씨! 무슨 일이야?"

"저쪽은 탐사선 마젤란이에용. 피는 물보다 진하다고 했었죵? 사
촌형뻘 되는 탐사선이더라구용. 첫눈에 보고 가족이라는 걸 느낄
수 있었어요. 가족이 바로 이런 거군용."

눈깜짝씨는 줄줄 흐르는 눈물을 계속 닦아내면서 말했다.

"그럼 우리와 같이 가면 되겠다. 그치?"

별이는 눈깜짝씨가 드디어 가족과 함께 살 수 있다는 생각에 기
쁜 마음으로 눈깜짝씨를 쳐다보았지만, 눈깜짝씨는 쓸쓸한 표정
으로 대답했다.

"그렇잖아도 함께 떠나자고 말했는데 마젤란 형은 여기 남아서
자기가 해야 할 일을 하고 싶댕."

"마젤란호가 하는 일이 뭔데?"

호기심 소녀 별이가 물었다.

"금성 표면의 지도 제작을 하고 있댕. 그 일이 다 끝나면 꼭 지구

로 돌아와 다시 만나기로 약속했엉."

눈깜짝씨는 형의 모습에서 눈을 떼지 못한 채 눈물을 훔치면서 애기했다.

'저렇게 가족이 그리웠다니……'

별이는 그동안 눈깜짝씨의 마음을 알아채지 못했던 것이 너무 미안했다.

나보다 예뻐? 그럼 어디 한번 나와봐! 미의 여신

밤하늘에서 반짝 반짝 빛나는 금성은 영어로 비너스(Venus)라고 합니다. 비너스가 어떤 신인지는 다 아시죠? 바로 '미의 여신' 이지요. 그리스 신화에 나오는 사랑과 아름다움과 풍요의 여신인 아프로디테[Aphrodite, 로마에서는 베누스(Venus)]에서 온 말입니다.

그리스 신화를 보면, 아프로디테는 신들의 왕인 제우스와 여신 디오네의 사이에서 태어났다고 하는데, 그리스 시인 헤시오도스는 바다의 거품에서 태어났다고 노래하고 있습니다. 아프로디테라는 말도 '거품에서 생겨난' 이라는 뜻이라고 합니다.

아름다움의 대명사인 아프로디테의 모습은 어땠을까요? 서양의 미인이니 긴 금발에 뽀얀 피부, 시원스럽고 맑은 눈동자, 날씬한 몸매를 가졌겠지요. 아프로디테의 탄생은 신들의 세계에 동요를 불러일으켰습니다. 많은 신들이 그

비너스의
탄생

녀의 아름다움에 반해 서로 초대하려고 하였고, 아프로디테는 자기의 아름다움을 마음껏 뽐내고 다녔습니다. 아프로디테는 사랑, 아름다움을 나타내지만

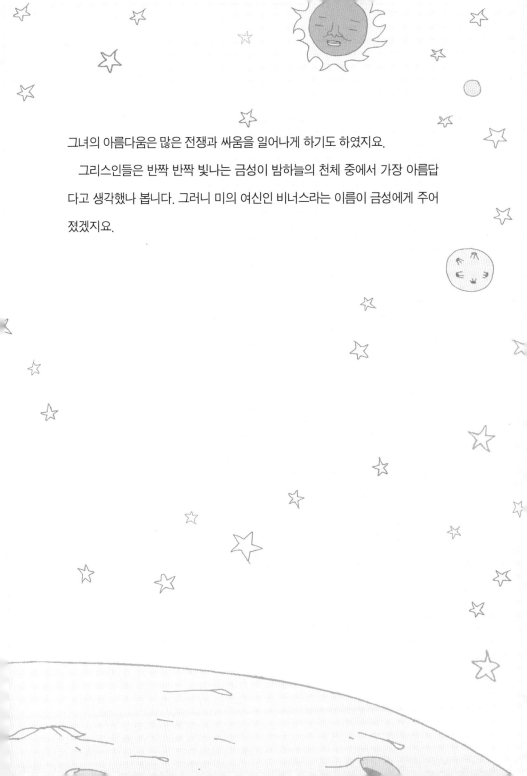

그녀의 아름다움은 많은 전쟁과 싸움을 일어나게 하기도 하였지요.

그리스인들은 반짝 반짝 빛나는 금성이 밤하늘의 천체 중에서 가장 아름답다고 생각했나 봅니다. 그러니 미의 여신인 비너스라는 이름이 금성에게 주어졌겠지요.

지구
위험에 처한 지구를 구하라

금성과의 아쉬운 작별인사를 하고 별이 일행은 눈깜짝할 사이다시 지구에 도착했다. 천체 삼촌의 연구실에는 검은색 정장을 입고 검정 선글라스를 낀 키가 큰 아저씨들이 대기하고 있었다. 천체삼촌은 그 아저씨들 중에서 가장 나이가 많아 보이는 아저씨와 간단하게 대화를 나눈 뒤 연구실로 들어가 평소에는 거의 입지 않는양복으로 갈아입고 나왔다.

아저씨는 지금 수많은 나라의 정상들이 모두 우리나라에 모여있다고 했다. 삼촌은 미리 준비되어 있던 검은 승용차에 탔다. 별이와 룡이, 그리고 눈깜짝씨가 연구실 문 앞에서 삼촌을 배웅하려고 하는데 삼촌이 손짓을 했다.

"너희들도 함께 가는 거야. 어서 차에 타렴."
뜻밖의 제안에 별이는 깜짝 놀랐다.

"이번 문제를 해결하기 위해서는 아무래도 천체 박사님뿐 아니라 여러분의 도움이 절실하게 필요할 것 같습니다. 함께 가서 지구를 구해 주시지요."
검은 양복을 입은 아저씨도 공손하게 머리를 숙이면서 얘기했다. 지구를 구하는 것 같은 어마어마한 일에 무슨 도움이 될지 알수 없었지만, 손을 내밀면서 별이를 쳐다보는 삼촌을 보니 함께 가야 할 것 같았다. 워낙 엉성해서 실수가 많은 삼촌 아니었던가.
그래서 별이와 룡이, 그리고 눈깜짝씨는 전 세계의 정상들을 만나러 청와대로 향했다.

청와대 밖에도 그리고 안에도 검은 양복을 입은 아저씨들이 무척 많았다. 그들은 태어나서 한 번도 웃은 적이 없는 것 같은 무뚝뚝한 표정으로 자리에 서 있었다. 같이 차를 타고 왔던 아저씨를 따라 길고 긴 복도를 지나 무지하게 큰 문 앞에 서게 되었다.

"똑똑."

아저씨는 문을 두어 번 두드리더니, 문을 열고는 천체 삼촌과 별이에게 들어오라는 손짓을 했다. 별이는 TV에서만 보던 각국의 정상들을 만난다는 생각에 심장이 콩당콩당 뛰기 시작했다. 천체 삼촌이 먼저 한 걸음에 들어가자 엄숙하게 앉아있던 각국 정상들이 자리에서 일어났다. 제일 안쪽에 앉아있던 나으뜸 대통령도 성큼성큼 다가오면서 말했다.

"어서오시지요, 천체 박사님. 애타게 기다리고 있었습니다."
나으뜸 대통령은 초조한 얼굴빛을 감추지 못한 채 말했다.
"자초지종을 설명해 주시지요."
천체 삼촌은 고개를 끄떡이면서 준비된 자리로 갔다.
"바로 본론으로 들어가도록 하겠습니다. 에, 그러니깐 지구가 위태롭다는 연락을 받은 것은 제 연구실에서……."

천체 삼촌은 그동안의 경과에 대해 간략하게 요약 정리하여 설명했다. 늘 엉뚱한 생각만 해서 괴짜처럼 보이던 삼촌이지만 이렇게 중요한 자리에서 자신감 있는 목소리로 이야기하는 모습을 보니 별이는 삼촌이 자랑스러웠다. 이 순간을 기록해 두어야 겠다는 생각에 얼른 호주머니에서 디지털 카메라를 꺼냈다. 삼촌의 모습도 찍고 심각한 표정으로 삼촌의 설명을 듣고 있는 아저씨들의 모습도 찍었다. 그리고 그 모든 상황을 배경으로 별이 자신의 모습을 찍기도 했다. 물론 V자를 한 채.

"…… 그리하여 지금 이 순간 이름 모를 혜성이 지구를 향해 돌진하고 있습니다. 우리는 이 혜성과 지구의 충돌을 막아 지구를 구해야 합니다."

삼촌이 멋지게 발표를 마치자 각국의 지도자들은 술렁대기 시작했다.

"자자, 이렇게 술렁대지 마시고 이 문제를 어떻게 해결할 것인지에 대해서 의논하도록 합시다."

회의실 분위기를 정리하고 말을 꺼낸 사람은 나으뜸 대통령이었다. 미국의 부실까말까 대통령이 말했다.

"쩌~ 근데 말이정~ 이프…… 음, 만약엥 혜성이 우리 지구와 충똘하명~ 왓! 무승 일이 해픈~ 엄, 일어나는 건가용? 산산조각나나용?"

"아하하하. 아뇨, 그건 아닙니다. 혜성이 지구와 충돌한다고 해서 지구가 산산조각 나지는 않을 겁니다. 하지만……."

삼촌의 설명은 간단했다. 지구와 혜성이 충돌을 하게 된다면, 지구가 가지고 있는 고유한 현상들이 없어질 가능성이 크다는 거였다. 우선은 지구의 보호막인 대기에 구멍이 나기 때문에 우리가 숨쉴 수 있는 공기들이 우주로 빠져나가게 된다. 그렇게 되면 우리가 숨쉴 수 있는 산소가 턱없이 부족하게 되어 수많은 사람들이 산소부족으로 죽을지도 모른다. 산소만 부족한 것이 아니라 보호막이 없어지면 어떤 유해물질이 우리를 위협할지 예측불가능하다고 했다.

"걱정 붙들어 매시므니다. 우리 일본 과학자들 똑똑하므니다. 언젠가 이런 일이 일어날 줄 알고, 바다 속에 이미 해저왕국을 건설해 놓은 상태이므니다! 무지하게 넓스므니다. 모두 일본 바다 속에 들어가서 살면 되므니다!"

스고이와따 일본 수상이 걱정 없다는 투로 자신만만하게 얘기했다. 하지만 천체 삼촌은 고개를 저었다.

"물? 물은 과연 지금과 똑같은 상태로 존재할 수 있을까요? 미지수입니다. 여기서 잠깐 다른 행성에도 물이 있는지에 대해 얘기해 보도록 하죠. 생명의 근원이라 할 수 있는 물 때문에 지구에는 생명체가 살 수 있습니다만, 사실 우주 탐사선들이 조사한 바에 의하면 지구 이외에도 달, 금성, 화성에도 물이 있다고 밝혀졌습니다. 단지, 지구보다 태양에 가까운 금성에서는 물이 다른 원소와 결합하여 황산으로 존재하고 있고, 달이나 화성에서는 얼음 상태로 있다고 합니다. 지구에서 물이 출렁거리는 액체 상태로 존재할 수 있는 것은 태양과의 적절한 거리에 위치하고 있고, 태양열을 대기권이 적절히 조절해 주고 있기 때문입니다."

천체 삼촌의 말에 해저도시를 상상하고 안도했던 각국 정상들의 표정이 굳어졌다.

"그럼 어떻게 해야 하는 겁니까? 천체 박사! 속 시원히 얘기를 좀 해 보세요."

나으뜸 대통령은 다급한 목소리로 말했다.

"기억하실지 모르겠지만, 오래전 저를 비롯한 세계 과학자들의 약속이 하나 있었습니다."

"과학자들의 약속이요?"

"네. 언젠가 지구의 위험이 닥쳐올 때를 예견한 전 세계 과학자들 간의 탐사선 합체에 관한 계획이라고 할 수 있지요."

"오~ 원더풀~~."

"대단하므니다. 그런데 구체적으로 어떻게 합체를 해서 지구를 구한다는 얘기이므니까?"

모두들 천체 삼촌의 얼굴만 뚫어져라 쳐다보았다. 해답을 달라는 간절한 눈빛으로 말이다. 삼촌은 의미심장한 표정을 짓더니 별이 일행 쪽을 쳐다보았다.

"소개드립니다. 꼬리없는 긴머리털을 잡을 용사들입니다."

천체 삼촌의 소개와 더불어 별이와 룡이, 그리고 눈깜짝씨가 서 있던 구석자리에 조명이 비추어졌다. 이게 무슨 일인가? 별이와 룡이, 그리고 눈깜짝씨는 놀라 서로를 쳐다보았다. 지구를 구하는 일은 영화 「아마겟돈」의 브루스 윌리스 같은 카리스마 넘치는 사람이 해야 하는 거 아닌가? 각국의 대통령들은 수군대기 시작했다. 그때 천체 삼촌이 나으뜸 대통령에게 한 장의 종이를 건네주었다.

"시간이 없습니다. 저를 믿고 맡겨주시겠습니까? 아니면, 그냥 이대로 지구가 멸망하는 것을 지켜보고 계시겠습니까? 어서 결정해 주십시오."

천체 삼촌을 뚫어져라 쳐다보던 나으뜸 대통령은 곧 자리에 앉아있는 정상들을 죽 둘러보았다. 서로의 눈빛이 오가는 것을 확인한 후.

"좋습니다. 천체 박사를 한번 믿어보기로 하지요. 그리고 이 친구들도 말입니다. 우릴 실망시키지 마세요. 이 지구의 존폐위기가, 지구인들의 생명이 바로 박사님과 여러분의 손에 달려 있다는 것을 잊지 마십시오."

나으뜸 대통령은 삼촌의 두 손을 꼭 쥐었다. 삼촌도 나으뜸 대통령과 눈을 맞춘 후 손을 잡고 두어 번 흔든 뒤 아직도 어리둥절해 있는 별이와 룡이, 눈깜짝씨가 있는 구석자리로 다가왔다. 그리고는 눈깜짝씨의 코를 살며시 눌렀다. 순식간에 커져버린 눈깜짝씨.

천체 삼촌은 비장한 각오를 한 사람처럼 눈깜짝씨 안으로 별이와 룡이를 데리고 들어갔다. 눈깜짝씨의 입구가 닫히기 전, 뒤를 돌아 회의실에 남아있는 사람들에게 손을 흔들어주는 것도 잊지 않았다. 그리고는 눈깜짝씨를 작동시켜 눈깜짝하는 사이 사라져버렸다.

"근데 저 감쪽같이 사라진 기계는 뭐이므니까?"
"오~ 판타스틱! 소 뷰티풀~~."
회의실에 남겨져있던 각국의 정상들은 이 놀라운 광경을 직접 두 눈으로 목격하고는 놀라서 벌어진 입을 다물 줄 몰랐다. 나으뜸 대통령은 천체 박사가 손에 쥐여준 쪽지를 펴보았다.

궁금하실 것 같아서 지구를 구할 영웅을 소개합니다.

눈깜짝씨: 천체 박사가 직접 고안해 만들어낸 순간이동장치. 잘난 척이 좀 심합니다만, 그의 가족들과 함께 엄청난 힘을 발휘할 것입니다.

별이: 천체 박사의 호기심 많은 조카. 영민한 머리를 자랑합니다.

룡이: 아기 공룡. 아직 뚜렷한 역할을 찾지 못했지만, 데리고 다니면

심심하지 않습니다.

연락 드리겠습니다. 그럼 이만 물러가겠습니다.

지구는 이 세상의 엄마!

지구는 영어로 어스(Earth)라고 합니다. 그리스 신화에서는 가이아[Gaia, 로마신화에서는 텔루스(Tellus)]로 불려지는데요, '땅의 여신' 이라는 뜻입니다.

이 세상이 만들어지기 전 처음의 세상은 모든 물질이 섞여있는 매우 혼란한 상태였다고 합니다. 이와 같이 혼란한 상태를 카오스(Chaos)라고 하는데, 가이아는 이 카오스상태에서 스스로 태어난 존재입니다. 그러니까 그리스인들은 지구를 신이 만든 것이 아니라 스스로 태어난 존재로 본 것이지요.

가이아는 태어난 후 자신의 크기와 같은 하늘을 만들었는데 이것이 우라누스입니다. 그 밖에 바다와 산, 온갖 자연적인 현상들, 갖가지 정신적인 생각들이 가이아로부터 나오게 됩니다. 그러면서 신들의 세계는 점차 모습을 갖추어 나가기 시작합니다.

가이아는 우라누스(하늘,천왕성)와 결합하여 6명의 아들과 6명의 딸을 낳는데 이들이 '티탄(Titan)족' 이라고 불리는 거대한 신들의 가족이 됩니다. 가이아의 막내아들인 크로노스와 둘째 딸인 레아는 결혼하여 뒷날 신들의 세계를 지배하게 될 제우스(목성)와 하데스(명왕성), 포세이돈(해왕성)을 낳게 됩니다.

　　그리스인들은 자신들의 삶의 터전인 지구가 우주탄생의 출발점이라고 보았습니다. 지구(가이아)로부터 모든 자연의 현상과 정신적인 이미지들이 만들어졌다고 보았으니 지구는 이 세계 모든 만물의 어머니인 셈이지요.

지구

지구는 46억 살?

지구는 현재까지 알려진 바로는 태양계에서 유일하게 고등 생물이 살고 있는 곳이지요.

여러분들이 살고 있는 곳이니 지구에 대해 자랑할 것이 많겠지요?

지구의 자랑거리라…… 글쎄요. 아! 지구는 나이가 많아요.

아니, 나이 많은 것도 자랑입니까? 도대체 몇 살이기에 자랑이십니까?

지구는 자그마치 46억 살이나 되었답니다. 아이구! 그럼 떡국을 46억 그릇이나 먹었단 말입니까?

지구

아무래도 지구의 가장 큰 자랑거리는 생명체가 있다는 것과 지구라는 행성이 살아있다는 것이겠지요.

지구가 살아있다고요?

네, 그렇습니다. 우리가 살고 있는 지구는 살아있는 행성입니다.

태양을 보며 자전도 하고 공전도 하네요

지구에서는 해가 뜨고 지는 것을 기준으로 하루의 생활이 이루어진답니다.

태양을 한 바퀴 돌면서 지역에 따라 다르지만 봄, 여름, 가을, 겨울의 계절변화도 나타나고요. 이러한 계절변화 때문에 지구에서는 각 계절에 맞는 다양한 생활 방식이 있답니다. 지구 곳곳에는 인간을 비롯하여 다양한 생명체들이 살고 있습니다. 항상 활기가 넘치고 우주의 생명력이 왕성한 행성이라고 할 수 있지요.

지구는 하나의 커다란 자석?

나침반은 우리에게 방향을 알려주는 기구입니다. 그런데 이 나침반은 항상 일정한 방향을 가리키고 있지요. 그건 지구가 하나의 커다란 자석이기 때문이랍니다. 자석 주위에는 자석의 힘이 작용하는 공간이 있듯이 지구 주위에도 자기장이 만들어져 있답니다. 지구의 자기장은 지구에서 없어서는 안 될 아주 중요한 부분입니다.

이 자기장은 우주로부터 끊임없이 날아오는 강력한 파괴력을 갖는 에너지로부터 지구의 생명체를 보호하는 역할을 하고 각종 위성이나 통신이 활동할 수 있게 해 준답니다.

있을 때 잘 해! 우리 모두 함께 지구를 보호합시다!!

햇빛 적당해, 공기 적당해, 중력 적당해, 지구는 정말 인간이 살기에 딱 좋은 행성입니다.

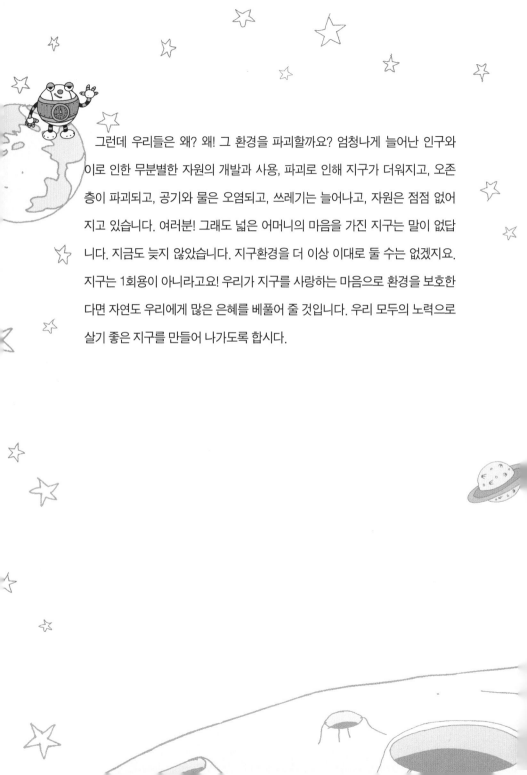

　　그런데 우리들은 왜? 왜! 그 환경을 파괴할까요? 엄청나게 늘어난 인구와 이로 인한 무분별한 자원의 개발과 사용, 파괴로 인해 지구가 더워지고, 오존층이 파괴되고, 공기와 물은 오염되고, 쓰레기는 늘어나고, 자원은 점점 없어지고 있습니다. 여러분! 그래도 넓은 어머니의 마음을 가진 지구는 말이 없답니다. 지금도 늦지 않았습니다. 지구환경을 더 이상 이대로 둘 수는 없겠지요. 지구는 1회용이 아니라고요! 우리가 지구를 사랑하는 마음으로 환경을 보호한다면 자연도 우리에게 많은 은혜를 베풀어 줄 것입니다. 우리 모두의 노력으로 살기 좋은 지구를 만들어 나가도록 합시다.

달
옥토끼를 만나다

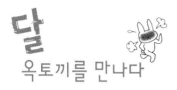

"왜 그런 눈으로 쳐다보니?"

별이와 룡이의 시선을 느낀 천체 삼촌이 말했다. 회의실을 떠날 때부터 별이와 룡이는 천체 삼촌만 뚫어져라 쳐다보고 있었다.

"크르르릉~~."

룡이는 화가 난 듯 가끔씩 삼촌을 향해 불을 내뿜기도 했다.

"삼촌, 무슨 대책이라도 있는 거예요? 지금 영화를 찍는 것도 아니고 우리가 무슨 수로 그 혜성인지 뭔지를 막는다는 거예요? 네? 방법을 말씀해 보세요."

"아하하하, 그것 때문에 우리 별이가 이렇게 골이 잔뜩 났구나?

아니, 그럼 이 삼촌이 아무 생각 없이 대통령 앞에서 그런 말을 했겠니? 차차 알게 될 거다. 이 천재 삼촌을 좀 믿으라고.”

삼촌은 자신만만하게 웃었지만 별이는 도무지 삼촌의 계획을 알 길이 없었다. 그때였다. 눈깜짝씨가 부르르 떨었다.

“나으뜸 대통령으로부터 동영상 메시지가 도착했습니당.”

메시지를 작동시키자 청와대 뒤뜰에서 물 한 사발을 떠놓고 달을 향해 절을 하고 있는 각국 정상들의 모습이 보였다. 그리곤 곧 이어 연구실로 찾아왔던 아저씨의 얼굴이 보였다.

“잘 진행되고 있습니까? 예로부터 우리 조상들은 달을 보고 소원을 빌고는 했지요. 물론 서양에서는 드라큘라나 늑대 인간 등이 보름달이 뜨면 활동을 하면서 피와 죽음, 악마, 전염병들을 불러온다고 생각을 하기도 했습니다. 달을 두려움의 대상으로 바라보던 서양과는 달리 동양인들에게 달은 풍요로움의 상징이었답니다. 지금 여기 대한민국에서 하나가 된 전 세계 인류는 우리나라의 풍습에 따라 달을 향해 천체 박사님 일행이 무사히 귀환할 수 있기를 기원하는 기원제를 지내고 있습니다. 여러분, 이거 보시고 파이팅입니다!”

아저씨의 인사가 끝나자 정월 대보름에나 하는 달맞이, 달집 태우기, 강강술래 등을 하는 한편 플래카드를 들고 있는 사람들의 모습이 빠른 편집으로 보였다.

"어휴~ 이거 잘 해결하지 못하면 완전 망신살 뻗치는 건데?"

별이는 자기 이름이 플래카드에 써 있는 걸 보고는 스타가 된 듯한 기분에 들뜨기도 했지만, 또 한편으로는 지구를 구할 수 있을까 하는 생각 때문에 걱정이 되었다.

"너무 걱정하지 마라. 이 삼촌만 믿고 따라오면 모든 일이 잘 될 거야."

"그랭. 우린 정말 잘 해낼 수 있을 거양. 그동안 우리가 쌓아왔던 각종 지식들과 지혜를 모은다면 말이양. 근데 우린 지금 무엇부터 해야하는 거종?"

눈깜짝씨가 앞으로 해야 할 일에 대해서 묻자 천체 삼촌은 눈깜짝씨에게 지시를 내렸다.

"눈깜짝군! 우린 지금 바로 저 동영상 속 사람들이 소원을 빌고 있는 '달'을 방문해야 한다네. 달에 사는 옥토끼를 만나 절구공이도 빌리고 땅을 좀 써도 되겠냐는 허락을 받아야하거든."

"옥토끼요? 달에 토끼가 산다는 건 이야기 속에서나 가능한 거 아닌가요?"

"옥토끼가 워낙 낯가림이 심해서 숨어있다 보니 실제로 본 사람이 없긴 하지. 자~ 그럼 달에 토끼가 사는지 아닌지 확인하러 가 볼까?"

삼촌은 눈깜짝씨를 작동시켰다. 눈깜짝씨가 눈을 깜짝하자, 일행은 벌써 달 표면에 도착했다. 하지만 착륙을 하는 데는 시간이 좀 걸렸다. 달 표면은 지구에서 보던 것과는 달리 울퉁불퉁한 면을 가지고 있어서 눈깜짝씨가 균형을 잡는 것이 여간 어려운 일이 아니었다.

달

"아니, 왜 이렇게 덜컹거리는
거야?"

"십년이면 강산이 변한다는
말이 달에는 적용되지 않거등.
달에는 공기와 물이 없기 때문
에 풍화작용이 일어나지 않아서 한
번 산은 영원한 산, 한번 구덩이는 영원
한 구덩이로 있엉. 그래서 표면이 영 매끄럽지가 않넹. 에궁~."

눈깜짝씨는 다리의 길이를 조절해 가면서 조금이라도 더 평평한
곳에 착륙하려고 애를 썼다. 드디어 착륙.

"어서 옥토끼를 만나러 가요. 삼촌!"

서두르는 별이와는 달리 천체 삼촌은 노트에 무엇이가를 빼곡히
적으면서 자리에 꿈쩍 않고 앉아있었다. 노트에는 지도 같은 게 그
려져 있었다. 삼촌은 삼각자와 컴퍼스를 이용해서 거리를 구하고
희한한 기호들을 적었다. 한참을 그러더니만 뭔가 알았다는 듯이
자리에서 벌떡 일어섰다.

"됐어. 드디어 찾았다고!"

"삼촌! 뭘 찾으셨다는 거예요?"

재촉하는 별이에게 삼촌은 손가락으로 창 밖의 달 표면을 가리켰다. 삼촌의 손끝을 따라가 시선이 멈춘 곳을 눈깜짝씨가 확대해서 보여주자 눈에 쉽게 띄지 않는 작은 집이 있었는데, 대문처럼 보이는 곳에 쪽지 하나가 붙어있었다. 깨알 같은 글씨여서 확대를 했음에도 잘 보이지 않자, 눈깜짝씨가 대신 읽어주었다.

옥토끼는 외출 중. 급한 용무로 찾으시는 분은 맑음의 바다로 오시기 바랍니다.

'잉? 바다라고? 달에는 물이라고는 찾을 수 없는 거 아니었던가?'
별이와 롱이는 삼촌을 쳐다보았다.

"그래. 바로 맑음의 바다로 가는 거야. 자, 눈깜짝군, 3시 34분 방향으로 543걸음만 가면 되네. 어서 출발하게나."
눈깜짝씨가 이동하는 데도 바닥이 울퉁불퉁해서 여전히 심하게 덜컹거렸다.
"삼촌, 달에도 바다가 있어요? 물은 없다고 하지 않으셨나요? 맑음의 바다라니요?"

"아하하하, 우리 별이가 궁금하겠구나. 달에 물은 한 방울도 없단다. 하지만 바다는 여러 개가 있지. 이름도 있는 걸? 감로주의 바다, 고요의 바다, 맑음의 바다 등등 말이야."

"아니, 그게 무슨 말씀이세요? 달의 바다들은 물로 이루어진 게 아닌가요?"

"하하하. 아쉽게도 달에 있는 바다는 이름만 바다란다. 17세기 중반에 활동했던 이탈리아의 천문학자 리치올리가 달 표면을 관측한 후 어두운 부분이 물로 가득 차 있을 것이라고 생각해서 '바다'라는 말을 써서 표현한 거지. 물론 그때 붙여진 이름들이 지금까지 남아있는 거고 말이야."

울퉁불퉁한 길을 따라 삼촌이 지시한 곳으로 향해보니 정말 커다란 옥토끼 한마리가 한가하게 선탠을 즐기고 있었다.

"엇, 진짜 토끼다!"

별이는 신이나서 얼른 우주복을 챙겨 입고는 눈깜짝씨 밖으로 나왔다.

천체 삼촌과 롱이도 별이를 따라 옥토끼 곁으로 다가갔다.

"쉽지 않았을 텐데 잘 찾아오셨군요. 몇몇 사람들이 달을 방문하긴 했어도 아직까지 날 찾은 사람은 한 명도 없었는데 말이지……."

하얀색 토끼일 거라는 예상과는 달리 옥토끼는 초콜릿색이었다. 선탠의 영향인가? 외모는 귀엽게 생겼는데, 성격은 완전 터프 그 자체였다.

"자, 어서 용건을 말하시오. 내가 좀 바쁜 몸이거든."

"아하하하, 뻣뻣하시군요. 좋아요, 그럼 용건만 말하지. 잠깐 동안만 당신의 절구공이를 빌렸으면 합니다. 그리고 이 옆 고요의 바다에 기지를 좀 건설했으면 하는데, 괜찮겠소?"

옥토끼는 삼촌의 요구가 어이없다는 듯 웃었다.

"아니, 대가도 없이 내가 왜 당신의 요구를 들어줘야 하나?"

"아하하. 왜 이러시나~ 내 그래서 특별히 준비했다오. 자!"

천체 삼촌은 거드름을 피우던 옥토끼에게 상자를 하나 내밀었다. 옥토끼뿐 아니라 별이와 룡이, 그리고 눈깜짝씨도 예쁘게 포장되어 있는 상자 속에 무엇이 들었는지 무척 궁금했다.

"그렇게 원하던 것을 내가 발명한 거요! 이 상자를 이용한다면 달에서도 빨대를 사용할 수 있을 거요."

심드렁하던 표정을 짓고 있던 옥토끼의 얼굴에 화색이 돌았다. 포장지를 얼른 풀고 설명서를 열심히 읽어보던 옥토끼는 별안간 삼촌을 껴안더니 뒤 허리춤에 차고 있던 절구공이를 건네주었다.

"고요의 바다는?"

삼촌은 옥토끼에게 짧게 물어보았다.

옥토끼는 설명서대로 상자 속에 얼굴을 파묻고 그 안에 있는 빨대를 이용해서 음료수를 마시면서 고개를 끄덕였다. 손으로는 OK 사인을 보내면서 말이다.

"그럼, 계속 수고하시오~. 우린 바빠서 이만……."

천체 삼촌이 옥토끼를 향해 작별 인사를 하자, 옥토끼는 상자에서 얼굴을 빼면서 삼촌을 붙들었다.

"다음번에 만약 다시 이쪽을 들릴 기회가 되면 말이오. 달에서도 폭죽을 터트릴 수 있는 방법을 좀 연구해 오시면 좋겠소. 선탠하고, 절구만 찧고 하려니 이거 원 심심해서 말이오. 부탁하오."

옥토끼는 삼촌에게 직접 절구질한 맛난 인절미를 한 움큼 건네주면서 공손하게 부탁을 했다. 삼촌은 생각해 보겠다는 말을 남기고 옥토끼와 작별 인사를 했다. 별이는 기념이라면서 옥토끼에게 사진 한 장 찍을 것을 부탁했다. 연예인이 된 듯한 기분으로 흔쾌히 허락한 옥토끼는 첫인상과는 다르게 활짝 웃으면서 함께 사진을 찍어주었다.

고요의 바다로 가는 길.

별이는 삼촌에게 옥토끼에게 준 상자 속에 든 것이 무엇인지에 대해서 물어보았다.

"기억나지 않니? 예전에 더부룩 삼촌이 왔을 때 말이다. 달에는 산소가 없기 때문에 빨대로 음료수를 먹을 수 없다고 했었잖니. 예전부터 옥토끼는 지구의 빨대를 무척 부러워했단다. 그래서 삼촌이 개발한 상자란다. 밀폐된 상자 안에는 공기가 들어가 있어서 그 안에 있는 음료를 빨대로 마실 수 있게 고안된 특별 밀폐 빨대지. 역시, 난 대단해."

별이는 옥토끼의 폭죽에 대한 부탁도 이해할 수 있었다. 산소가 없기 때문에 불이 붙지 않아서 폭죽 터뜨리기는 절대 할 수 없는 거였다. 옥토끼가 조금은 측은해졌다.

드디어 도착한 고요의 바다는 맑

음의 바다 바로 옆에 위치해 있었다. 천체 삼촌은 눈깜짝씨와 이 곳저곳을 조사하더니만, 자리를 잡고는 절구공이를 위로 높이 들어 달 표면을 내리쳤다. 울퉁불퉁했던 고요의 바다 한쪽이 평평해졌다.

"우와, 그 절구공이 힘 한번 좋은데요."

"절구공이가 특별하기도 하지만 이를 다루는 이 삼촌이 뛰어나서 그런 거란다! 크크크."

또 잘난 척이다.

"근데, 달 표면은 평평하게 만들어서 뭐하시게요?"

"음. 지구와 우리의 통신을 이어줄 중간 기지국을 세우려고 하는 거란다. 우리가 혜성을 잡으러 우주 저 멀리로 날아가게 되면 거리가 너무 멀어서 지구로부터의 연락이 끊어질 염려가 있거든."

"의도는 좋은데요. 기지국을 언제 세우시려고요. 지금 우리는 한시가 급하잖아요."

"하하하, 여긴 지구가 아니라 달이란다. 달은 중력이 지구보다 작기 때문에 건물을 짓는 일이 지구에서보다 쉽지. 달 표면은 화산과 지진 활동이 적어서 지구에 비해 안정적이기 때문에 각종 과학 기기들을 설치하고 우주 환경을 관측하는데 있어 유리하단다."

삼촌이 말하는 사이에 벌써 눈깜짝씨는 작고 귀여운 기지국을
세웠다.

"아이쿠, 시간이 벌써 이렇게 되었네. 어서 떠나자고. 곧 있으면
달의 아침이 끝나고 낮이 되거든? 그렇게 되면 온도가 120도까지
올라가니 너무 더워서 힘들 거라고!"
　달은 공기나 물이 없기 때문에 표면을 보호해줄 아무런 보호막
이 없고 낮과 밤의 길이가 지구보다 길기 때문에 낮에는 너무 덥고
밤에는 너무 춥다고 했다. 보통 낮인 부분이 15일 정도 계속 된다

고 하니 낮의 온도가 120도까지 올라가는 것은 어쩌면 당연한 일인 것 같았다.

"참고로 밤의 온도는 영하 170도라고용."

눈깜짝씨는 보충 설명을 한마디 덧붙였다.

"자! 그럼 이제 정말로 떠나볼까? 지구를 구하러, 출발~~."

달의 여신 셀레네와 아르테미스

난 너의 수호천사야, 널 지켜줄게!

밤하늘에서 가장 크고 밝게 빛나면서 어두운 밤 세계를 지켜주어 우리를 외롭지 않게 해주는 천체는 무엇일까요?

셀레네

네, 바로 달입니다. 달은 영어로 '문 (Moon)' 이라고 하는데요, 그리스 신화에서는 '달의 여신' 인 셀레네[Selene, 로마에서는 루나(Luna)]에 해당합니다.

셀레네는 그리스어로 달이라는 뜻인데요, 티탄족 신인 히페리온과 테이아 사이에서 태어난 딸입니다. 태양신 헬리오스와 새벽의 여신 에오스와는 형제이지요. 셀레네는 보통 예술 작품에서 이마에 초승달을 달고 있는 모습으로 표현되지만 그리스 신화의 내용에는 자주 등장하지 않습니다.

옛날 사람들은 달이 동식물의 번식에 중요한 역할을 하는 것으로 생각했습니다. 그래서 미신 또는 여러 가지 기원제 등에 자주 등장합니다.

태양의 신 헬리오스가 아폴론에게 자리를 물려준 것처럼 셀레네 역시 나중에는 달의 여신 자리를 아르테미스에게 물려주고 그 자리에서 은퇴하게 된답니다.

아르테미스

제우스와 레토 사이에서 아폴론과 함께 쌍둥이로 태어난 여신입니다. 사냥과 활쏘기를 맡아보고 들짐승, 어린이, 약한 자들을 보호해 주는 여신입니다. 요정들을 데리고 산과 들을 뛰어다니거나 거닐기를 좋아하고 자신의 즐거움을 방해하는 자에 대해서는 용서가 없었다고 합니다. 아기 낳는 것과 신생아를 보호하는 여신이기도 합니다.

아르테미스

달

달에 사람이 간 적 있나요?

인간으로서 처음으로 달에 도착한 사람은 미국의 달 탐사선 아폴로 11호의 우주비행사 닐 암스트롱과 에드윈 올드린 주니어입니다. 인간이 달에 가기 전에 이미 1950년대 말부터 무인 탐사선으로 달을 방문한 적은 있었지만 달착륙선 이글호를 타고 인류 최초로 달 착륙에 성공한 때는 1969년 7월 20일이었습니다.

아폴로 11호가 달에 착륙했을 당시 착륙선인 이글호와 본부와의 통신두절로 연락이 잘 되지 않아 시간을 낭비하기도 하였고, 착륙 직전 연료가 30초 분량밖에 남지 않는 등 어려움이 있었답니다. 이글호가 착륙한 곳은 '고요의 바

올드린

다' 지역이었는데요, 착륙 후 이 우주인들은 표면을 밟기도 하고 각종 탐사활동을 했습니다. 또 우주인들은 달에 간 것을 기념하기 위해 사진도 찍었습니다. 우리가 보는 사진 속의 주인공은 올드린입니다. 암스트롱은 어디 갔냐고요? 사진 찍고 있었겠지요. 돌아오는 길에 달 표면의 암석을 382킬로그램이나 가져왔습니다. 이들은 지구로 돌아온 후 가져온 귀한 돌과 함께 3주간 동안 격리되어 검사를 받기도 하

였답니다. 그 후에도 미국은 다섯 번 달 착륙에 성공하였고 달에 대한 탐사는 앞으로도 계속 이어질 것입니다.

우리가 바다라고 부르는 지역들은 어떤 과정을 거쳐서 생겨난 것일까? 달이 처음에 만들어진 직후 달에는 많은 운석이 떨어졌는데 이 운석과의 충돌에 의해 달 표면에는 커다란 구덩이들이 만들어졌습니다. 그 이후에 달에서는 화산 활동이 있었고, 화산이 폭발할 때 흘러나온 용암들이 구덩이로 흘러 들어가 굳어지면서 거대한 바다 분지를 형성하게 된 거지요. 그래서 달 표면은 주로 밝은 색 암석으로 된 육지와 어두운 색 암석으로 된 바다로 이루어져 있습니다. 이 밖에도 달의 곳곳에는 이름이 있는데, 달의 지명은 주로 과학자들을 비롯하여 유명인사들의 이름으로 이루어져있다고 합니다. 하지만 아쉽게도 아직 우리나라 사람의 이름이 들어간 지명은 없다고 하네요.

달 표면을 장식한 이름들

달 표면에는 울퉁불퉁 수많은 크레이터들이 있습니다. 피타고라스, 코페르니쿠스, 케플러, 뉴턴, 토리첼리, 파스퇴르, 아보가드로 등 과학자 이름이 있고요. 그밖에도 플라톤, 아리스토텔레스, 아르키메데스, 데카르트, 시이저 등 유명 인사들의 이름으로 이루어져 있습니다.

달은 일편단심 민들레

달은 아시다시피 지구 주위를 공전하고 있습니다. 물론 자전도 하지요. 그런 데 달은 지구 주위를 한 바퀴 돌아오는데 걸리는 시간과 자전주기가 27일 7시 간 43분으로 같습니다. 즉 자전주기와 공전주기가 같기 때문에 지구에서는 달의 한쪽 면만을 보게 되는 것이지요.

실제로 여러분이 달을 본다면 항상 한쪽 면만 보게 되는 것이고 평생 달의 뒷면은 볼 수 없답니다.

운동선수가 달나라에 간다면?

다음 중 달나라에 가면 지구에서보다 운동실력이 좋게 나오리라 예상되는 선수는 누구일까요?

① 달리기 선수   ② 높이뛰기 선수   ③ 창던지기 선수

정답은 ②, ③입니다.

왜 그럴까요?

달은 지구보다 질량이 작기 때문에 물체를 잡아당기는 힘이 지구의 약 1/6 정도입니다.

따라서 달에 가면 여러분의 몸무게가 지구에서보다 작게 나타납니다. 달이 잡아당기는 힘이 지구보다 작기 때문에 위로 올라간 물체는 천천히 떨어지겠

지요.

만약 높이뛰기 선수가 달에 가서 힘껏 뛰면 지구에서보다 높이 올라가고 창던지기 선수가 창 한번 세게 던지면 지구에서보다 멀리 날아가겠지요. 지구에서보다 걷기도 힘들답니다. 아니, 내 발이 왜 이렇게 빨리 안 내려오지? 아마 이럴 걸요.

달 표면을 걷는 우주인을 보면 한 걸음 한 걸음 걸을 때마다 붕붕 떠서 걷는 것을 볼 수 있습니다. 따라서 달리기 선수들은 달에서는 빨리 달릴 수 없겠지요. 그러니 이봉주 선수! 엄니 두고 달나라 가지 마세유.

화성
올림포스 산에 기지를 구축하라

"삼촌, 그럼 이제 우린 뭘 어떻게 해야 하는 거죠?"

별이는 막막하기만 한 이 난관을 어찌 해결해야 할지에 대해 도무지 감을 잡을 수가 없었다. 끝없이 펼쳐져 있는 이 우주공간에서 지구를 향해 돌진하고 있는 혜성이 어디에 있는지 찾을 수도 없을 뿐 아니라 또 찾는다고 해서 진로를 어떻게 바꿀 수 있는 건지 알 수가 없었다.

"우선 우리가 해야 하는 일은 말이다. 별이 너도 생각하고 있듯이 긴머리털의 위치추적이란다. 그러기 위해서 지금 우린 화성으로 가고 있단다."

"아니, 그런데 뭐 이렇게 오래 걸리는 거예요? 눈깜짝씨는 눈깜 짝할 사이에 가야하는 거 아닌가?"

"아하하하. 원래는 그래야 하지만 말이다. 과거와 현재를 왔다 갔다 하거나 지구 근경을 다니는 것과는 달리 이 우주는 워낙 넓고 광대한 곳인지라 말이다. 이미 프로그래밍했던 거리와 속도의 계 산이 잘 맞아떨어지지 않는단다. 그래도 무시하면 안 된다. 이미 뛰어나다고 하는 탐사선으로는 몇십 년이나 걸릴 거리를 우리는 지금 몇 분 만에 도착하고 있잖니?"

천체 삼촌의 말을 듣고 있자니 저 밖으로 벌써 붉은 땅과 붉은 하늘을 가진 화성이 보였다.

화성은 다른 별들보다는 친숙했다. 「화성침공」이라는 영화를 재 미있게 봐서 그런지 화성 표면을 밟게 되면 해골모양의 얼굴을 한, 뼈만 앙상한 화성인들이 마중(?)을 나올 것 같았다. 광선이 나오는 총을 한 자루씩 들고 눈깜짝씨를 에워싼 채로 말이다.

우리는 지금부터 화성의 적도 북쪽 지역에 있는 태양계 최대의 화산인 올림포스 화산으로 갈 거란다."

천체 삼촌의 말이 떨어지기가 무섭게 눈깜짝씨는 올림포스 화산

화성

꼭대기에 착륙했다.

"자, 올림포스 화산입니당. 높이는 무려 25킬로미터로 지구에서 가장 높은 에베레스트산의 2.5배입니당. 내리시지용."

올림포스라면 그리스 신화에서 신들이 살던 산 이름이 아닌가?

일단 내려보자는 생각에 별이는 눈깜짝씨의 출구를 통해 화성의 표면으로 나왔다. 물론, 총을 든 화성인들이 있나 없나를 확인한 후에……

화성의 표면은 황량한 사막 같았다. 풀 한 포기, 개미 한 마리 없고 돌조각만 무수히 널려있는 황량한 벌판이었다. 하늘을 올려다 보니 하늘색은 그야말로 하늘색이 아니라 저녁노을이 진 것 같은 약간 붉으스름한 분홍빛이었다. 분위기가 으스스해서 온몸에 소름이 돋았다.

"화성 표면을 이루고 있는 흙은 산화철(녹슨 철) 성분이 많기 때문에 붉게 보이는 거양. 하늘도 마찬가지징. 대기 중의 무수히 많은 먼지로 인해 푸르고 청명한 하늘을 볼 수 없엉."

눈깜짝씨는 눈치도 참 빠르다. 별이가 떠는 것을 보더니만 친절

하게 설명해 주었다.

눈깜짝씨는 화성에 대한 몇 가지 설명을 덧붙였다.

"화성에는 약간의 공기가 존재한당. 그 양은 지구의 200분의 1정도인데 공기의 95퍼센트 정도가 이산화탄소이징."

"우와, 그래도 조금이나마 산소가 있다는 것만으로도 너무 감격스러운 걸. 그래서 외계인으로 화성인들이 자주 등장했던 거구나. 생명체가 살 수 있을지도 모른다는 생각에서!"

역시 상상력 하나는 최고인 별이였다.

"하하하, 그런 이유일 수도 있겠구나. 사실, 화성에는 물이 흘렀던 흔적들도 있단다."

열심히 눈깜짝씨 안에 있던 짐들을 올림포스 산꼭대기로 옮기고 숨을 돌린 삼촌은 웃으면서 눈깜짝씨의 설명을 거들었다.

"엇! 공기에다 물까지요? 그렇다면 완벽한 조건 아닌가요?"

별이는 혹시나 혜성이 지구에 부딪히게 되면 화성으로 와서 살아도 되지 않을까 하는 기대감을 가지게 되었다. 룡이도 같은 생각을 했는지 펄쩍펄쩍 뛰었다. 천체 삼촌은 별이와 룡이의 생각을 안다는 듯한 얼굴로 슬며시 미소를 지었다.

"그래, 다들 그렇게 생각했지. 정말이지 사람들의 생명체에 대한 호기심은 대단한 것 같아. 실제로 생명체의 존재를 확인하기 위해서 화성에 소형 생물실험실이 장치된 바이킹 착륙선을 보냈었단다. 하지만 이 탐사선에 달려있는 팔로 화성 표면의 흙을 채취해서 3개의 실험실에 넣고 실험을 한 결과 생명체가 있을 가능성은 거의 없는 것으로 밝혀졌단다."

잠시나마 희망에 부풀었던 별이는 삼촌의 말에 그만 맥이 빠지고 말았다. 그러자 룡이가 별이의 다리를 붙잡고 흔들었다.

"크룽크르르룽!"

"응? 인간이 아직 발견하지 못한 것일 수도 있다고? 누구든 감추고 싶은 비밀이 있는 거니깐 화성이 땅속에 꼭꼭 숨겨놓고 아직 안 보여준 것일 거라고? 룡이야, 내 맘을 알아주는 건 너뿐이구나."

"자자! 이제 청승 그만 떨고 일들 해야 하지 않겠어? 이 천재 삼촌은 지구를 구하려고 하는데, 너희들은 지구를 대신할 행성을 찾으려고 하다니……."

"아니, 꼭 그러려고 한 건 아닌데……."

삼촌의 말에 별이는 부끄러워졌다.

"삼촌 이 짐들을 어쩌시려고요?"

"음. 여기 보이니? 이 올림포스 정상에도 물이 흘렀던 흔적이 있

단다. 이걸 옛날 사람들은 운하라고 착각해서 화성에 고등 지능을 갖춘 생물이 산다고 오해를 한 거지. 이 흔적을 따라 양쪽 봉우리 밑으로 각각 1킬로미터 간격으로 총 50여 개의 안테나를 설치할 거란다."

"안테나요?"

"그래, 안테나. 그리고 여기 정상 중앙에는 혜성의 위치를 추적할 수 있는 기기를 설치할 거란다. 혜성이 화성 주변을 지나가게 되면 이 안테나들이 혜성의 움직임을 포착해서 중앙 기기로 신호를 보내고, 그 신호는 우리 눈깜짝씨에게 부착되어 있는 이 추적장치로 전송되는 거지. 아하하하, 아무리 생각해도 난 너무 똑똑하단 말이야."

화성의
올림포스 산

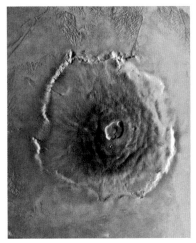

"휴~ 좀 복잡해 보이기는 하지만, 이해는 되네요."

"그 다음은 말이다. 혜성을 잡아다 화성에 묶어두는 거야. 아하하하, 아무리 생각해도 난 천재야. 이번 일을 해결하고 지구로 돌아가면, 정말이지 개명해야겠어. 천체가 아닌 천재로 말이야."

"아니, 삼촌! 우주공간에서 날아다니는 혜성을 무슨 수로 잡아다가 화성에다 묶어둔다는 거예요?"

별이는 삼촌의 말이 이해되질 않았다.

"우리 별이, 『걸리버 여행기』 읽어봤지? 거기에 '라퓨터'라는 하늘에 있는 섬나라 이야기가 나오는데 이 나라에 살고 있는 천문학자가 화성에는 위성이 두 개 있다고 했었단다. 아무리 소설이지만 이건 참 놀라운 예견이었지. 이 소설이 나오고 150년 후인 1877년에 실제로 미국의 천문학자 에이사프 홀이 화성에서 두 개의 위성을 발견하게 된 거야. 홀은 화성의 위성을 발견한 뒤 신화에 나오는 마르스 장군의 두 아들의 이름을 따서 두 개의 위성에 각각 포보스와 데이모스라는 이름을 붙여주었단다."

"그게 지금 무슨 상관인데요?"

"우리 별이 참을성이 많이 없어졌구나? 자, 더 들어보렴. 학자들은 이들이 화성의 위성이 된 이유가 화성에 의해 붙잡힌 거라고 결론을 내렸단다."

"붙잡혔다고요?"

"그래, 말 그대로 붙잡힌 거지. 포보스와 데이모스는 원래 소행성이었는데, 어느 날 화성 주위를 어슬렁거리다가 화성에 의해 붙잡힌 거야. 벗어나려고 아무리 애를 써도 거미줄에 꽁꽁 묶인 것처럼 헤어나올 수가 없었지. 그래서 모양이 불량감자 같단다."

천체 삼촌의 설명에도 별이는 믿을 수가 없었다. 그러자 눈깜짝씨가 별이를 태우고 눈 깜짝하는 사이에 화성의 밖으로 나왔다. 그리곤 별이에게 밖을 내다보라고 했다. 별이는 의심스러운 눈초리로 멀리 보이는 화성을 쳐다보았다.

"아니, 어떻게 저런 일이 있을 수가 있지?"

별이가 본 것은 믿을 수 없는 놀라운 광경이었다. 자꾸만 자꾸만 벗어나려고 애쓰는 포보스와 데이모스, 그리고 여유 있게 딴 짓을 하면서 엄청난 파워로 두 위성을 붙잡고 있는 화성. 모두들 살아 움직이는 생명체 같았다.

"이젠 믿을 수 있겠징? 지금 와서 하는 얘기지만 천체 박사님이 다른 분들과 다른 뭔가를 가지고 있는 건 분명행. 별이야, 너무 걱정하지 망. 우린 지구를 구하고 무사히 돌아갈 수 있을 거양."

별이는 눈깜짝씨의 차분하고 진지한 말에 잠시 숨이 멎는 듯한 느낌이 들었다. 그리고 눈깜짝씨에게 미안한 마음이 들었다.

"그래, 눈깜짝씨도 꼭 가족을 찾을 수 있을 거야. 나도 최선을 다

할게. 우리 파이팅하자!"

별이와 눈깜짝씨는 서로에게 힘을 북돋아주고는 다시 화성으로
돌아왔다.

별이는 롱이와 함께 안테나를 열심히 설치하면서 말했다.

"삼촌은 정상에 가서서 중앙기기를 설치하세요. 이쪽은 저와 롱
이에게 맡기시라고요!"

별이는 활기찬 모습으로 윙크까지 보내면서 삼촌에게 말했다.

천체 삼촌도 별이에게 윙크를 하면서 얼른 정상을 향해 올라갔

다. 별이와 룡이는 거리를 측정하는 기계로 1킬로미터를 정확하게 재어가면서 안테나를 설치했다.

"이제 몇 개 안 남았어. 룡이야, 힘내자."

별이는 룡이를 다독여가며 열심히 일했다. 화성의 표면은 돌조각이 부서져 있는 평원, 많은 구덩이, 거대한 화산, 갈라진 지층, 큰 계곡 등 아주 복잡한 모습을 하고 있어서 그런지 안테나를 하나하나 세우는 게 생각보다 힘이 들었다. 마지막 남은 안테나를 세우고 지친 별이와 룡이는 철퍼덕 화성 표면에 드러누웠다. 화성 표면에 누워서 본 화성은 알록달록했다. 먼지가 올라가서 만들어진 노란 구름, 얼음의 작은 결정들이 만들어낸 흰 구름, 그리고 이산화탄소의 작은 결정이 만들어낸 푸른 구름들이 보였다. 장관이었다.

"별이야~ 다 됐니?"

우주복의 교신장치를 통해 삼촌의 목소리가 들렸다.

"네에~."

그러자 눈깜짝씨의 긴 팔이 별이와 룡이를 데리러 왔다. 정상에서 다시 만난 삼촌은 혜성 위치 추적 장치를 작동 시켰다. 윙~ 하는 소리와 함께 산 정상에서 양쪽 아래로 뻗은 안테나들이 일제히 움직이기 시작했다.

"자! 이제 화성에서 할 일은 다 한 것 같구나. 다시 떠나볼까?"

"좋아요. 룡이야, 어서 가자."

별이와 룡이는 재빨리 눈깜짝씨 안으로 들어갔다. 천체 삼촌은 기기들이 잘 작동하고 있나를 다시 한번 살핀 뒤 눈깜짝씨에 올라 탔다.

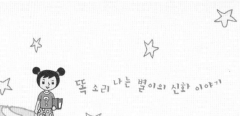

전쟁의 신 마르스

화성의 영어식 이름은 마르스(Mars)입니다. 그
리스 신화에서 '전쟁의 신' 인 아레스[Ares, 로마
에서는 마르스(Mars)]에서 유래된 것입니다. 아
레스는 잘생긴 용모의 씩씩한 전쟁신입니다. 아
레스라는 말은 '잡아간다' 또는 '쳐부순다' 라는
뜻이라고 합니다.

전쟁의 신
아레스

그리스 신화에서 아레스는 제우스와 헤라 사
이에서 태어난 아들입니다. 전쟁의 여신인 '아
테나' 가 정의로운 싸움을 다스린다면 아레스는 야만성이 강해 착하거나 악한
것에는 관계없이 무조건 피비린내 나고 잔인한 싸움을 다스리는 신이었습니
다. 그래서 그런지 아레스의 부모님은 아들의 하는 짓을 늘 못마땅하게 여겼
습니다.

로마에서 마르스라는 신은 그리스 신화의 아레스와 같은 신으로 여겨지는
존재입니다. 마르스는 로마에서 원래 봄의 신이기도 했는데 전쟁을 좋아하는
로마가 멀리 원정을 나가는 전쟁일 경우, 그 지역에서 병사들이 먹을 음식을
자체 조달할 수 있는 계절을 선택했기 때문에 주로 봄인 3월에 전쟁을 시작했

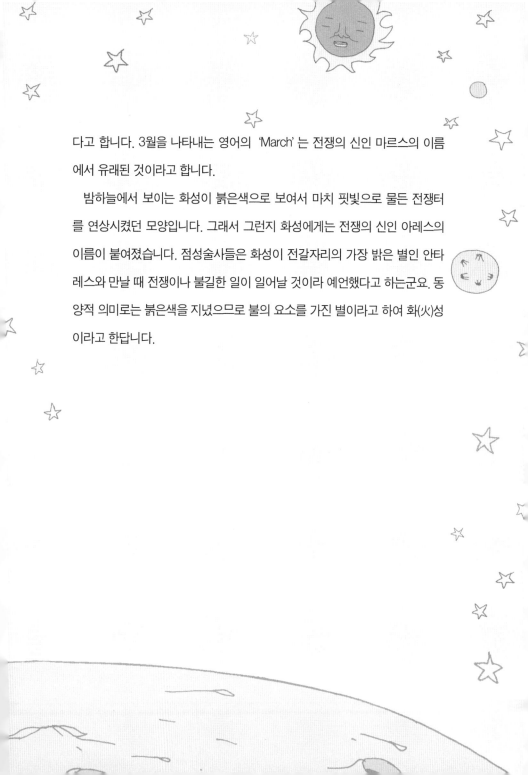

다고 합니다. 3월을 나타내는 영어의 'March' 는 전쟁의 신인 마르스의 이름에서 유래된 것이라고 합니다.

밤하늘에서 보이는 화성이 붉은색으로 보여서 마치 핏빛으로 물든 전쟁터를 연상시켰던 모양입니다. 그래서 그런지 화성에게는 전쟁의 신인 아레스의 이름이 붙여졌습니다. 점성술사들은 화성이 전갈자리의 가장 밝은 별인 안타레스와 만날 때 전쟁이나 불길한 일이 일어날 것이라 예언했다고 하는군요. 동양적 의미로는 붉은색을 지녔으므로 불의 요소를 가진 별이라고 하여 화(火)성이라고 한답니다.

화성

화성은 언제 볼 수 있나요?

화성은 하늘에서 금성보다는 덜 밝지만 비교적 밝은 편이며(-2등성), 화성이 아주 많이 밝기를 뿜낼 때는 황금빛 오렌지색으로 보인답니다. 화성이 반짝이면 별처럼 보일 텐데요, 그 색깔을 맨눈으로 볼 수 있으려면 시력이 좋아야겠지요.

망원경을 이용해 화성을 관측하면 화성 표면의 모습, 화성의 구름도 볼 수 있어요. 화성이 지구에 가까이 오면 하얀 부분으로 보이는 극관도 관측이 가능하답니다.

매일 37분씩 더 주어진다면

화성에서의 하루 길이는 24시간 37분으로 지구의 하루와 거의 비슷하답니다. 만약 여러분이 화성에 간다면 지구에서보다 매일 매일 37분씩 더 주어지겠지요. 하루에 37분이 더 주어진다면 여러분은 무엇을 하고 싶으세요?

또한 화성이 태양 주위를 도는 시간은 지구 시간으로 2년 정도 됩니다. 아니, 그렇다면 각 계절의 길이도 지구의 2배 정도 되겠네요.

여기도 계절변화 있어요

그렇다면 화성에도 여름이 있겠네요? 그럼 화성 갈 때 수영복도 가져가야지! 네, 그러세요. 대신 수영할 물도 갖고 오세요. 사계절이 있으니 화성에 가려면 가방이 무겁겠네요. 화성에 오래 머물려면 사계절 옷을 다 갖고 가야 하니까요. 하루의 길이도 지구와 비슷하고 계절변화도 있으니 물과 공기가 충분하다면 화성 가서 살아도 별문제 없을 듯 합니다. 하지만 물과 공기 없는 것이 제일 큰 문제입니다.

화성! 모자 쓴 꼬마 신사 같네요

지구의 북극과 남극에는 얼음으로 된 빙하가 있지요. 화성에도 북극과 남극에 얼음으로 된 부분이 있습니다. 이곳을 '극관'이라고 합니다. 극관은 주로 이산화탄소가 얼어 있는 드라이아이스, 아주 적은 양의 얼음으로 이루어져 있고 흰색으로 보입니다. 화성에 여름이 오면 극관은 녹기 때문에 크기가 작아진답니다. 극관의 크기는 계절에 따라 변하게 되는 것이지요. 극관의 얼음이 녹는다면 여름엔 화성에도 물이 있을 거라고 생각할 수 있겠죠? 하지만 안타깝게도 화성에는 이 얼음이 녹아도 물이 되지는 않는다고 하는군요. 화성은 워낙 공기가 적어 얼음이 녹으면 곧바로 물을 거치지 않고 수증기가 되어버리기 때문이랍니다.

화성에도 생명체가 있을까요?

사람들의 생명체에 대한 호기심은 정말 대단했습니다. 급기야는 정말 생명체 탐사를 위해 화성에 소형 생물실험실이 장치된 바이킹 착륙선을 보내었습니다. 이 탐사선에 달려 있는 팔로 화성 표면의 흙을 걷어 3개의 실험실에 넣고 실험을 한 결과 생명체가 있을 가능성은 거의 없는 걸로 밝혀졌답니다.

탐사선이 화성까지 가서 실험도 했지만 아직까지 화성의 생명체에 대한 미련을 버리지 못한 사람들이 많답니다. 생명체는 뭐 아무나 키우나요? 적어도 지구 정도의 환경은 되야겠지요. 그래도 혹시 모르지요. 화성이 어디 땅 밑에 꼭꼭 감추어 두고 아직 안 보여준 것이 있을지도……. 그 이유는? 화성에겐 아직 감추고 싶은 비밀이 있을지도 모르니까요.

포보스와 데이모스

미의 여신인 비너스와 마르스(전쟁의 신, 화성) 사이에서 태어난 아들입니

앞쪽 포보스
뒤쪽 데이모스

다. 포보스라는 말은 '공포' 라는 뜻이고, '공포증' 을 뜻하는 영어의 '포비아(phobia)' 는 여기에서 나온 말이라고 합니다. 데이모스(Deimos)는 '걱정' 이라는 뜻입니다. 이 두 아들은 아레스(로마신화에서는 마르스)가 심한 분노를 이기지 못해 사람들을 살육하

는 현장에 항상 같이 등장합니다. 그래서 그런지 이들의 생김새를 보면 울퉁불퉁하고 거친 모습을 하고 있답니다.

탐사선

화성에 대한 본격적인 탐사는 1965년에 미국의 화성 탐사선 마리너 4호가 처음으로 화성에 접근하여 관측을 한 것으로 시작되었습니다. 마리너 4호는 화성의 표면사진을 보내왔는데 그 사진에 나타난 화성의 표면은 충돌로 얼룩진 구덩이들로 덮여있는 모습을 하고 있었습니다. 그때까지 화성에는 운하가 있고 어쩌면 생명체가 있을 지도 모른다는 생각을 하고 있던 사람들에게는 실망이었겠지요. 그 후 마리너 9호 등 몇 개의 화성 탐사선이 활동하여 표면의 지형과 화성의 환경 등이 상세히 알려지게 되었답니다.

바이킹호는 미국의 화성 탐사선으로 가장 성공적인 화성탐사 임무를 수행한 탐사선입니다. 바이킹호에는 화성에 생물체가 있는지 확인하는 작업을 하는 임무도 있었는데 화성에 착륙한 바이킹호의 조사결과 화성에는 생명체가 없는 것으로 확인되었다고 합니다.

또한 화성의 위성인 포보스를 탐사하기 위한 탐사선도 있었는데 옛 소련에서는 포보스 2호를 보냈지만 탐사기의 고장으로 큰 성과를 거두지 못했다고 하네요.

이후 마스 패스파인더호, 마스 글로벌 서베이어호 등의 화성 탐사가 계속되었고, 특히, 1996년 7월 4일 마스 패스파인더호가 화성표면에 착륙하여 탐사준비를 하는 장면은 텔레비전을 통해 전 세계에 생중계 되었는데 지구의 사막을 닮은 화성 표면의 모습을 볼 수 있었습니다. 마스 패스파인더호에는 소저너라고 하는 탐사로봇이 실려 있어 이 소저너가 화성표면을 이동하면서 각종 사진 촬영 및 분석임무를 수행했습니다. 그 후 이 탐사선들의 활동으로 화성에 대한 많은 것들이 알려지게 되었습니다.

소저너

소행성

둘리가 엄마 찾아 삼만 리 여행을 떠납니다. 일명 얼음별 대모험이라고 하지요. 둘리는 지구를 벗어나 지구보다 바깥쪽에 있는 화성의 탐사를 마치고 목성으로 가고 있습니다.

친구들과 재미난 게임도 하면서 엄마를 만난다는 기대에 부풀어 가고 있는데 우주선 창 앞으로 뭔가 '휙휙' 지나갑니다. 모두들 깜짝 놀라 있는데, 또치가 "방금 참새 지나가는 것 봤어?"라고 말합니다. 모두들 말합니다. "아, 참새였구나! 그런데 우주공간에 웬 참새?" 어쨌든 안심하고 다시 한참을 가고 있는데 얼마만큼 갔을까요, 이번에는 뭔가 커다란 돌덩이가 우주선으로 떨어지는 것을 목격합니다. "쿵! 삐삐삐" 불빛이 깜빡 깜빡, 우주선이 마구 흔들립니다. 아, 예상치 못한 순간이었습니다. 둘리가 알기로는 화성 다음에 목성인데……. 그 사이에 돌들의 띠가 있었다니, 아! 우리의 둘리, 과학시간에 공부를 좀 열심히 했다면 이게 소행성대라는 것쯤은 알았겠지요.

하긴 알아도 어떻게 방어할까요. 소행성의 작은 조각들은 빠른 속도로 접근할 때는 거의 총알 수준이랍니다. 우주선을 향해서 우주 어딘가에서 발사한 총알과 같다고 할까요.

여기는 태양계 유치원입니다

태양계에 있는 소행성의 개수는 아마도 수십만 개가 넘을 것입니다. 모양도 다양해서 동그란 것도 있고 자기 맘대로 생긴 것들도 있답니다.

오늘날 알려진 소행성은 약 2만여 개, 주로 화성과 목성 사이에서 띠를 이루며 태양 주위를 돌고 있는데요, 태양 한 바퀴 도는데 약 5년 정도 걸립니다. 그리고 자전도 한답니다.

사실 소행성들이 있는 이곳은 태양계 유치원이라고 할 수 있어요. 소행성들을 보면 한참 커야 할 어린아이들 같거든요. 어떤 소행성들은 아무 곳이나 마구 돌아다닌답니다. 한 마디로 위험한 줄 모르고요.

소행성들은 화성과 목성 사이에서 1억 6,500만 킬로미터 정도로 넓게 분포하고 있기 때문에 소행성들 사이에는 넓은 공간이 있습니다. 지금까지 지구에서 화성 바깥쪽으로 발사된 탐사선들은 소행성대를 무사히 통과했답니다. 지구인들이 태양계를 탐사하는데 소행성들도 방해할 수는 없었겠죠. 소행성들이 많이 도와준 덕분에 탐사선들은 무사히 통과했답니다.

사실 소행성들이 어떻게 태어나게 되었는지에 대해서는 이러쿵저러쿵 말들이 많은데요, 대부분은 태양계가 처음 만들어질 때 행성이 되려던 어떤 덩어리가 다른 물체와 충돌하여 산산조각이 난후 생겨난 것으로 보는 경우가 많지요.

지금까지 많은 소행성들이 발견되었습니다. 모두 이름이 있는데 이름을 짓는 방법은 이렇습니다. 처음에는 그리스와 로마 신화에 나오는 여신의 이름을 따서 지었어요. 그런데 세월이 갈수록 발견되는 소행성들이 너무 많다보니 그 이름들을 다 써 버린 거예요. 그래서 그 후에 주로 여성형 이름을 붙여 사용하다가 요즘에는 발견 순서에 따라 번호와 이름이 붙여지는데 발견자가 자신의 이름을 붙이는 경우도 있고 천문학 분야에 공헌을 많이 한 사람들의 이름을 붙이기도 한답니다.

화성과 목성 사이에 있는 소행성대는 소행성이 주로 많이 분포

하고 있는 곳이지요. 그런데 이곳 말고도 간혹 다른 곳에서 소행성이 발견되기도 한답니다. 예를 들어 지구 공전 궤도 근처에 있는 소행성, 지구로부터 아주 멀리 떨어져 있는 소행성 등도 있습니다. 키론이라는 소행성은 토성과 천왕성 사이에서 공전하는 소행성이 랍니다.

한글이름으로 된 소행성은?

하늘을 관측하는 사람들이 새로운 소행성을 발견하면 국제소행성센터로부터 고유번호를 받게 됩니다. 그런 후에 발견자나 관측팀은 고유 이름을 지을 수 있다고 합니다.

지금까지 한글 이름이 붙여진 소행성에 대해 알아보면 처음으로 한글이름이 붙여진 소행성은 1998년 국내의 한 아마추어 관측자에 의해 발견된 소행성으로 '통일' 이라는 이름으로 지었다고 합니다. 이밖에도 최무선, 이천, 장영실, 이순지, 허준 등 한국인 과학자의 이름으로 된 소행성들이 있습니다.

날 찾아봐요

신이 만든 세상은 참으로 오묘합니다. 태양계에 있는 행성들의 위치를 보면 아무데나 있는 것 같지만 실제로 각 행성들이 있는 자리는 어떤 규칙에 의해 그 자리에 있는 것입니다. 이 규칙을 알아낸 사람은 1770년 경 티티우스라는 독일의 천문학자였어요. 그 후 보데라는 사람이 이 법칙을 세상에 발표한 후 이 법칙은 티티우스-보데의 법칙으로 불렸지요. 이 법칙이 알려지고 난 후 많은 천문학자들은 하늘을 열심히 관측하기 시작했어요. 왜냐고요? 이 법칙대로라면 화성과 목성 사이에도 행성이 있어야 한다는 사실을 알게 되었거든요.

그 후로 많은 천문학자들은 화성과 목성 사이에 있을 새로운 행성을 찾는 일에 최선을 다하였습니다. 모두가 새로운 행성을 찾는 첫 영광을 누리고 싶었겠지요. 독일에서는 행성파수대라는 단체를 만들어서 행성 찾기를 하였으나 소행성을 처음 발견한 사람은 뜻밖에도 이탈리아의 천문학자인 피아치였습니다.

1801년 새해 아침에 발견된 세레스(피아치가 자신의 고향인 시칠리아의 수호 여신인 세레스의 이름을 따서 붙였습니다.)는 지름이 약 천 킬로미터 정도로 행성이라고 보기에는 너무 작았으므로 소행성이라고 불리게 되었답니다. 이처럼 소행성의 발견이 1800년 이후에나 이루어지게 된 이유는 매우 작기 때문에 맨눈으로는 관측이 안 되었기 때문이지요. 그 후에도 계속해서 여러 개의 소행성이 발견되었는데 대부분의 것들은 지름이 1킬로미터 미만으로 아주 작습니다. 그 후로도 많은 소행성들이 발견되고 있으며 근래에는 한 해에 수천 개씩 소행성들이 발견되고 있습니다.

지구로 달려드는 소행성들

소행성은 자신이 가야할 길이 있는데도 가끔 변덕을 부려 제 갈 길을 가지 못하고 방황하는 경우가 많아요. 이렇게 되면 다른 천체들이 움직이는 길로 들어가 부딪히는 일도 종종 생기는데요, 우주에는 이런 일들이 가끔씩 일어납니다.

소행성이 지구와 충돌하면 지구에는 어떤 일들이 일어날까요?

건물이 파괴되거나 바다에서는 거대한 파도가 생기고 지상에서 발생한 엄청난 먼지구름이 대기권을 덮어 햇빛이 차단되면 추운 겨울이 오면서 생명체가 멸종위기를 맞게 될 수도 있다고 합니다. 그야말로 지구에서 일어나는 태풍, 지진과 같은 자연재해는 아무 것도 아니겠네요. 실제로 1908년 시베리아 지방에 작은 소행성이 지구로 떨어졌는데 다행히 대기권에서 타버렸지만 그 폭발음과 진동은 먼 곳에서도 느낄 수 있었다고 합니다.

그렇다면 만약 소행성이 지구와 충돌할 것이 예상된다면 어떻게 해야 할까요?

「아마겟돈」이라는 영화를 보면 소행성이 지구와 충돌할 것이 예상되자 몇 명의 지구인들이 직접 가서 그 소행성을 폭파시킨 후 자랑스럽게 지구로 돌아오는 내용이 나옵니다. 영화에서처럼 소행성이 지구와 충돌하는 것을 막기 위해 소행성을 폭발물로 파괴시키는 방법을 생각할 수 있습니다. 그런데 그렇게 하면 그 파편이 또 지구로 떨어질 위험이 있기 때문에 될 수 있는 대로 다른 길로 가라고 소행성이 움직이는 길을 살짝 바꾸어 주는 방법이 가장 좋다고 합니다.

여러분! 소행성이 지구와 충돌하면 어떡하나 걱정되시죠? 하지만 천문학자들에 의하면 소행성이 지구와 충돌할 확률은 매우 작기 때문에 그다지 큰 걱정은 하지 않아도 된다고 합니다. 그리고 우리들이 편하게 먹고 잠자며 생활하는 동안에 세계의 각 천문대에서는 이 소행성들 중에서 지구로 달려드는 소행성들이 있는지 항상 관측하고 있답니다.

운석

운석이란?

운석은 우주공간을 떠돌아다니는 소행성의 조각들이 지구가 잡아당기는 힘에 의해 끌려오다가 공기와의 마찰에 의해 타 버리거나 일부는 지표면까지 떨어진 돌덩어리를 말합니다. 지표면에 도달한 운석 가운데 가장 큰 것은 1920년에 아프리카의 나미비아에서 발견된 운석으로 무게가 60톤에 달한다고 합니다. 이것은 떨어지고 나서 풍화 침식을 받았으므로 떨어질 당시에는 100톤 정도였을 것으로 추정한답니다.

운석 이야기

옛날 사람들도 운석에 많은 관심을 보였습니다. 기록을 보면 운석을 하늘에서 떨어진 불덩어리라고 했고, 고대 그리스의 신전에 놓여있는 '성스러운 돌'이나 이슬람교의 성지 메카의 카바 신전에 있는 '메카의 검은 돌' 등은 운석이라고 합니다. 일본의 어느 가정에서는 운석을 가보로 물려준다고도 합니다.

운석은 지구의 물질이 아닌 우주에서 온 것이니 얼마나 신기합니까? 우주에도 지구처럼 돌이 있다니!

운석은 지구 곳곳에서 발견됩니다. 그런데 특히 운석이 잘 발견되는 곳이 있습니다. 어디일까요? 네, 바로 남극이랍니다. 아니 그러면 운석이 펭귄이 사는 남극에만 집중적으로 많이 떨어진다는 얘기인가요? 그건 아니고요, 운석이 남극에만 떨어졌다기 보다는 남극은 주로 얼음으로 되어있으니 그만큼 돌로 된 운석이 잘 발견되는 것뿐이랍니다.

남극에는 오래도록 녹지 않는 얼음이 있어서 오랜 기간 동안 떨어진 운석들이 이 얼음 속에 갇혀 있다가, 얼음이 이동하여 녹는 지역으로 오게 되면 그 지역에서 무더기로 발견된다고 합니다. 1970년대에 남극에서 얼음 속에 갇혀 있던 아주 많은 운석들이 발견되었는데 이 운석들은 지구의 이물질이 거의 들어있지 않아 운석 연구에 많은 도움을 주었답니다.

운석구덩이

운석이 떨어지면 커다란 운석구덩이가 남는데요, 이것을 크레이터라고 합니다.

현재 지구상에 운석이 떨어져 지표면에 남긴 운석구덩이 중에서 가장 큰 것은 미국 애리조나주에 있는 운석구덩이인데요, 지름이 1,280미터, 깊이가 175미터 정도나 된다고 합니다. 그런데 운석구덩이를 보면 운석은 없고 충돌한 흔적만 남아있네요.

여기서 퀴즈 하나! 도대체 운석은 어디로 사라진 걸까요?

똘똘이가 대답합니다. "붕어빵엔 붕어 없고, 칼국수엔 칼이 없고, 곰탕엔 곰이 없듯이 운석구덩이엔 운석이 없습니다." 네, 재미있는 대답이었습니다. 과연 그럴까요?

애리조나주
운석구덩이

지구로 떨어진 운석은 그야 당연히 지구와 충돌하는 순간 자국만 남기고 산산이 부서졌겠죠. 아~ 산산이 부서진 운석이여~~.

운석이 왜 중요한가요?

도대체 지구와는 전혀 상관없어 보이는 외계의 물체가 왜 그렇게 중요한 것일까요?

운석처럼 지구 밖에서 날아온 돌은 우주에서 온 것이니 만큼 우주의 정보를 그대로 갖고 있답니다.

태양계가 만들어질 당시 여러 행성들은 동시에 만들어졌다고 봅니다. 그렇다면 운석이란 소행성의 조각들이니 이것들도 지구와 거의 비슷한 시기에 만들어졌다고 볼 수 있지요. 그런데 지구에 있는 암석들과는 달리 운석은 우주환경에 놓여있으면서 만들어진 이후 운석의 성분을 변화시키는 작용을 거의 받지 않았답니다. 그래서 태양계가 만들어질 당시의 정보를 그대로 갖고 있다고 보는 것이지요. 따라서 운석을 연구하면 우리 태양계의 역사를 알 수 있답니다.

이거 혹시 운석인가?

여러분들이 만약 운석을 발견한다면 어떨까요? 운석을 발견할 수 있는 확실한 방법은 뭘까요? 네, 바로 내 앞에 운석이 떨어지기만을 기다리는 것입니다. 너무 했나요? 하지만 실제로 운석이 가정집 천장이나 달리는 자동차 앞 유리창으로 떨어지는 경우도 있었답니다. 1998년에는 미국 텍사스 주에 살던 7명의 소년들이 농구를 하다가 우연히 1킬로그램 정도의 운석을 발견했는데 이 운석을 2만 3천 달러(우리나라 돈으로 자그마치 2천 3백만 원 정도!)를 받고 텍사스 백만장자에게 팔았다고 하네요. 우주에서 온 돌이니만큼 부르는 게 값이었겠지요.

운석은 보통의 돌과 구분이 잘 안되므로 보통의 암석과 섞여 있으면 구별하기가 힘들답니다. 그래도 만약 운석처럼 보이는 돌을 발견했다면 이런 점을 먼저 살펴보시죠.

운석은 떨어질 때 공기와의 마찰 때문에 불덩어리로 떨어집니다. 그래서 운석의 표면은 대개 새카맣게 그을려 있답니다. 따라서 표면이 반짝이지는 않는답니다. 보통의 돌보다 약간 무겁고 어떤 운석은 자석을 갖다대면 약간 끌려오기도 한답니다. 혹시 이런 돌이 있다면 운석일지도 모르니 고이 간직해 두세요.

날 보고 행운을 빌어봐! 별똥별이야기

우주 공간을 떠돌던 작은 먼지가 있었습니다. 어느 날 먼지는 생전 처음으로 아름답고 푸르게 빛나는 신비로운 곳을 발견했습니다. 먼지는 신비로움에 이끌려 그 곳으로 다가갔는데 그만 그 아름다움에 반해 그 속으로 빨려 들어가고 말았답니다. 지구 대기권으로 끌려 들어오게 된 것이지요. 그 결과 떨어지는 속도가 엄청나게 커진 이 작은 먼지는 공기와의 마찰에 의해 타 버리고 말았답니다. 이때 산골에 있던 꼬마, 하늘을 보고 있다가 작은 빛 하나가 자기를 향해 떨어지는 것을 보고 외칩니다. "우와! 별똥별이다."

우주 공간을 떠돌던 작은 먼지들이 지구 주위를 지나가다가 지구가 잡아당기는 힘 때문에 대기권으로 끌려 들어오면 공기와 마찰을 일으키면서 타게 되지요. 이때 열과 빛을 내게 되는데 이것이 우리 눈에는 밝은 빛으로 보입니다. 이것을 유성이라고 하는데요, 보이자마자 눈 깜짝할 사이에 사라져 버린답니다. 그만큼 귀한 것이기 때문에 유성이 없어지기 전에 소원을 빌면 그 소원이 이루어진다는 얘기가 있지요. 그런데 오래도록 기다리다 막상 유성 떨어지는 것을 보고 있으면 신기하고 기뻐서 소원을 빌어야 한다는 사실조차 잊어버리게 된답니다.

모두 잠든 후에 새벽 찬 공기를 마시며 관측을 하면 훨씬 밝게 빛나는 유성을 볼 수 있어요. 눈이 좋고 운이 좋으면 파랑, 빨강, 노랑, 주황, 초록 등의 유성을 볼 수도 있답니다. 유성을 보려면 느긋한 마음을 가지고 기다려야 하는데요, 한 시간에 3~4개 정도 보면 많이 보는 거랍니다. 세상에 쉬운 일이 어디 있겠습니까? 그래도 유성 보는 것이 별 따는 것보다는 쉬운 일이겠죠?

유성우 이야기

가끔 밤하늘에 잔치가 벌어진답니다. 마치 폭죽을 터뜨려 불꽃놀이 하는 것 같은 우주 쇼가 벌어질 때가 있지요. 정말 멋진 장면인데요, 이 우주 쇼는 누가 만든 것일까요?

혜성이 지나간 자리에는 타버린 암석 부스러기들과 같은 혜성의 찌꺼기들이 남아있는데요, 이것들은 우주공간상에 머물러 있게 됩니다. 이곳을 지구가 통과하게 되면 한 시간에 수백에서 수천 개 정도의 유성을 볼 수 있는데요, 이것이 바로 유성우입니다.

유성우를 보면 마치 어느 한 점에서 나와 사방으로 퍼져 나가는 것처럼 보이는데요, 실제로 한 점에서 나오는 것처럼 보이는 것은 우리 눈의 착시 현상 때문입니다.

기찻길을 보면 두 선은 평행하지만 기찻길의 끝은 한 점에서 만나는 것처럼 보이지요. 실제로 지구 대기권에 들어오는 유성은 모두 평행하게 들어옵니다. 그러나 멀리서 오기 때문에 유성이 한점에서 나오는 것처럼 보이는 것입니다.

유성우

앞에서 유성우를 불꽃놀이에 비유했는데 실제 유성우를 관측할 때 그와 같은 화려한 모습은

흔히 볼 수 있는 것이 아니랍니다. 관측 조건이 잘 갖추어졌을 때 가능한 일이겠죠. 그래도 관심을 갖고 보다보면 우주의 멋진 쇼를 볼 수 있을 거예요. 유성우를 보고 있으면 하늘이 나에게 축복을 해 주는 것 같은 기분이 든답니다.

목성
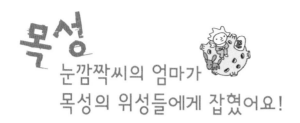

눈깜짝씨의 엄마가
목성의 위성들에게 잡혔어요!

눈깜짝씨는 화성을 떠나자 기다렸다는 듯이 날아오는 소행성들과 운석들을 요리조리 잘도 피해가면서 목성을 향해 가고 있다. 아직 아무런 신호도 잡히질 않고 불안하고 초조한 시간만 흐르고 있었다.

별이는 계속 마음에 걸리던 일이 있었다. 바로, 눈깜짝씨였다. 겉으로는 표현하지 않고 있지만 지금이라도 당장 가족을 찾아다니고 싶은 마음이 간절할 것이다. 어떻게 해야 눈깜짝씨의 부모 형제를 찾아줄 수 있을까? 별이는 곰곰이 생각했지만 특별한 방법이 떠오르지 않았다.

'그래, 좀 엉뚱하기는 해도 삼촌이라면 뭔가 방법을 알 수 있을지도 몰라.'

별이는 천체 삼촌에게 물어보기로 했다. 삼촌은 공책에 무엇인가를 열심히 쓰고 있었다.

"삼촌, 말씀드릴 게 있는데요."

"말해보렴."

천체 삼촌은 하던 일을 계속 하면서 대답했다.

"삼촌! 중대한 얘기라고요. 저 좀 보세요."

갑자기 별이의 커다란 눈과 마주한 삼촌은 깜짝 놀라 고개를 들었다.

"어? 그래, 말해보렴."

"삼촌, 눈깜짝씨 말이에요. 지금은 우리가 지구를 구하는 것 때문에 정신이 없어서 표현 안하지만, 사실은 가족이 무척 보고 싶을 거예요. 어차피 혜성의 위치를 추적하는 일은 신호가 와야 하는 거잖아요. 그동안 우선 눈깜짝씨의 가족을 찾아볼 방법이 없을까요?"

"음, 우리 별이가 눈깜짝씨를 많이 생각하는구나."

별이의 말에 귀를 쫑긋 세운 눈깜짝씨도 별이의 마음 씀씀이가 너무 고마웠다.

"그렇잖아도 이 삼촌이 지금 하고 있는 일이 바로 눈깜짝씨의 가족을 찾기 위한 일이란다. 그리고 때마침 분석을 마쳤다고."

천체 삼촌의 노트에는 이상한 기호들이 잔뜩 적혀있었다.

"눈깜짝씨 아버지의 메시지를 분석했단다. 우린 이제 다시 메시지를 보낼 거야. 자, 눈깜짝씨에게 이걸 입력하고, 이 넓디넓은 우주를 향해서 메시지를 전송하는 거지."

눈깜짝씨는 너무 기쁜 마음에 손뼉을 치며 몸을 마구마구 흔들어댔다. 물론, 안에 함께 있던 천체 삼촌과 별이와 룡이도 덩달아 중심을 잡기 힘들 정도로 몸이 흔들렸다. 천체 삼촌은 눈깜짝씨를 진정시키고 이상한 기호들을 입력했다.

"자. 이제 전송!"

'전송' 이라고 쓰여 있는 단추를 누르자 눈깜짝씨가 갑자기 휘리릭 돌기 시작했다. 한 바퀴로 시작해서 두 바퀴, 세 바퀴……. 미처 중심을 잡을 무엇인가를 잡지 못한 별이와 룡이는 바닥을 떼굴떼굴 구르기 시작했다. 한 십여 바퀴 돌았나? 눈깜짝씨가 멈추었다.

"휴~ 이제야 살 것 같네. 다음부터는 미리미리 좀 가르쳐 달라고!"

별이는 큰 숨을 내쉬고 마음을 가다듬었다.

"앗, 미앙. 이런 전송방식은 처음이어서 나도 깜짝 놀랐다궁."

"더 멀리 보내기 위한 방식이란다. 눈깜짝씨의 회전으로 이 메시지들은 우주 곳곳으로 퍼졌을 테니깐, 가족과의 상봉도 시간문제란다. 아하하하하, 모두들 기대해도 좋아."

"앗! 무슨 신호가 잡히는데용?"

"으잉? 벌써? 어디보자."

삼촌은 눈깜짝씨의 전광판을 보면서 기호들을 공책에 적었다.

열심히 분석을 시작한 삼촌은 눈깜짝씨에게 말했다.

"어서 목성으로 가게나. 자네 어머니가 목성에서 연락을 취해오셨네."

"네에? 목성요?"

눈깜짝씨 못지않게 별이도 놀랐다.

"그래. 목성! 눈깜짝군의 어머니 파이어니어 10호가 목성의 수많은 위성들 사이에서 나오지 못하고 계신다는구나. 어서 가서 구해드려야겠어."

"단단히 잡으세용!"

눈깜짝씨는 엄마를 만난다는 생각에 마음이 급해져 정말 엄청난 속도로 이동할 모양이었다. 별이와 룡이는 의자에 앉아 안전벨트를 단단히 조였다.

눈깜짝씨는 위성들 사이에서 빙글빙글 팽이 돌 듯 돌고 있는 탐사선 파이어니어 10호를 발견할 수 있었다.

"엄마!!! 박사님, 우리 엄마가 왜 저기 저렇게 계신 거지용?"

"자자! 흥분을 가라앉히고 눈깜짝씨의 어머니를 구해낼 방법을 찾아보자고. 우선 눈깜짝군, 목성 표면에 착륙하는 게 좋을 것 같은데."

천체 삼촌은 차분하게 눈깜짝씨에게 지시했다. 하지만, 목성표면에 도달한 눈깜짝씨는 쉽사리 착륙할 수가 없었다.

"여긴 착륙할 장소가 없어용. 어디에 해야 하는 거죵?"

눈깜짝씨의 말에 깜짝 놀라 별이가 밖을 내다보니 목성의 표면은 땅이 아니었다. 가스 같은 것으로 꽉 차 있었다.

"아, 미안! 눈깜짝군. 내가 너무 정신이 없어서 깜빡했군."

천체 삼촌이 눈깜짝씨의 비상용 착륙장치 단추를 누르자 눈깜짝씨의 발에 스키 같은 것이 신겨졌다.

"목성은 표면이 모두 가스로 이루어져서 딱딱한 지표면이 없단다. 대기 밑은 액체수소로 이루어진 바다니 수소바다에 뜰 수 있는 이런 장비가 있어야만 하지."

눈깜짝씨는 미끄러지듯이 목성의 수소바다에 착륙했다. 삼촌은 별이와 룽이에게 물과 멀미약을 줬다.

"목성은 자전속도가 무척 빨라서 좀 어지러울 거야. 지구는 한 바퀴 자전하는데 하루 24시간이 걸리지만, 목성은 9시간 55분밖에 안 걸린단다. 회전놀이기구를 탄 기분일 거야."

"박사님! 우리 엄마는 어떻게 구하나용?"

파이어니어 10호가 위성들 사이에 갇혀있는 하늘만 쳐다보고 있

목성

는 눈깜짝씨가 슬픈 목소리로 말
했다.

"여기 와서 느낀 것이 없나? 눈
깜짝군?"

"느낀 거용? 뭐, 엄마를 구해야
겠다는 생각뿐이죵."

"아니, 그런 거 말고, 신체적으
로 말이야."

"앗! 그러고 보니, 몸이 좀 무거워졌어용. 약 2.5배 정도?"

"그래, 맞아! 목성의 특성 중 하나인데, 우린 그걸 이용해서 파이
어니어 10호를 구할 거란다. 자, 눈깜짝군! 시작해 볼까?"

천체 삼촌은 눈깜짝씨의 늘어난 몸무게를 이용해서 위성 사이에
서 자리를 잡지 못하고 뱅글뱅글 돌고 있는 파이어니어 10호를 구
해내려는 계획을 세웠던 거다. 삼촌은 눈깜짝씨의 팔을 길게 늘어
뜨리게 했다. 눈깜짝씨는 삼촌의 의도를 이해하고 팔을 위성 사이
에 있는 파이어니어 10호를 향해 길게 뻗었다.

"앗, 이건 뭐지용?"

끝이 안 보이게 팔을 늘어뜨리던 눈깜짝씨는 갑자기 놀라 팔 늘
리는 것을 멈추었다.

"걱정 말고 계속하라고! 그건 먼지와 암석으로 이루어진 목성의 고리야. 토성의 고리처럼 화려하거나 크지도 않기 때문에 우리들이 잘 모르고 있지만 목성엔 고리가 존재한다고. 신경 쓰지 말고 계속 뻗게. 계속!!"

"조금만 더, 조금만……."

"크룽크룽!"

별이와 룡이는 망원경으로 자세히 지켜보며 응원을 아끼지 않았다. 파이어니어 10호는 '갈릴레이의 위성'인 이오, 에우로파, 가니메데, 칼리스토 사이에 있었다.

"크룽룽크룽 크룽?"

룡이는 목성의 63개 정도되는 위성들 중에서 4개의 위성을 갈릴레이의 위성이라고 부르는지 궁금해져서 별이에게 물어보았다.

"응. 그건 말이야. 목성의 위성을 처음 발견한 사람이 갈릴레이였기 때문이야. 그리고 각각의 이름들은 이후에 네덜란드의 천문학자인 마리우스에 의해서 지어졌어. 이오, 에우로파, 가니메데, 칼리스토라는 이름은 그리스 신화에 나오는 제우스가 사랑했던 여인들의 이름이라고."

별이는 룡이의 머리를 쓰다듬으면서 설명해 주었다. 그때였다.

"그렇지! 자! 이제 팔을 점점 줄이면 되는 거야."

눈깜짝씨가 드디어 엄마를 두 손으로 잡게 된 것이었다. 하지만 팔을 줄이는 것은 쉽지만은 않았다. 뱅글뱅글 돌고 있던 힘도 엄청 났고, 파이어니어 10호가 정신을 잃고 있었기 때문이다.

"엄마!! 정신 차리세요!! 엄마! 힘내요!!"

눈깜짝씨는 젖먹던 힘을 다해 엄마를 외치면서 팔을 잡아당겼 다. 눈깜짝씨의 외침이 파이어니어 10호에게 들리기라도 한걸까? 갑자기 파이어니어 10호의 가슴에 있던 시계와 눈깜짝씨의 가슴 에 있던 시계가 지지징~ 하는 소리와 함께 한 바퀴를 잽싸게 돌기 시작했다. 그러더니 12시를 가리키면서 시계바늘이 멈추었다. 그 순간 파이어니어 10호가 정신을 차리고 힘을 내서 눈깜짝씨 쪽으 로 움직이기 시작했다. 눈깜짝씨도 저도 모르게 엄청난 힘으로 파 이어니어 10호를 잡아당겼다.

"좋아, 좋아. 목성의 도움까지 받아볼까?"

삼촌은 순간적으로 프로그램을 짜고 실행시켰다. 그랬더니 쏜살 같이 눈깜짝씨의 팔이 짧아졌다.

"목성은 태양계 행성 중에서 가장 커서 지구가 1,400개나 들어갈 크기란다. 황태자지. 또한 질량이 크기 때문에 잡아당기는 힘도 세 단다. 태양도 목성 때문에 약간씩 흔들릴 정도지. 엄청난 파워지? 만

약 태양계가 처음 만들어질 때 목성이 주변 물질을 많이 끌어 모아 지금보다 20배 정도만 질량을 더 키웠더라면 별이 될 수도 있었을 거야. 그랬다면 우리는 낮에는 태양이라는 별을 보고, 밤에는 목성이라는 노란색 별을 볼 수 있었을 거란다."

천체 삼촌의 설명에 별이와 룡이는 고개를 끄덕였다. 달 대신 목성이라…….

눈깜짝씨의 두 팔에 기대 있는 파이어니어 10호는 다시 정신을 잃고 있었다.

"엄마! 저예용. 저, 엄마 아들 눈깜짝씨라고용. 정신 차리고 저 좀 보세용. 넹?"

드디어 기대하고 기대하던 눈깜짝씨의 엄마와의 만남. 하지만 파이어니어 10호는 기력이 너무 쇠했는지 눈을 뜰 줄을 몰랐다. 눈깜짝씨는 하염없이 눈물을 흘렸다.

"엄마 눈 좀 뜨세용! 제가 엄마를 얼마나 보고 싶어 했는데용……."

눈깜짝씨의 눈물이 파이어니어 10호의 얼굴에 한두 방을 떨어지자 기적처럼 파이어니어 10호가 눈을 살포시 떴다.

"아…… 아들……?"

평평 울던 눈깜짝씨는 피이어니어 10호의 목소리를 듣자 눈을 번쩍 뜨고는 파이어니어 10호를 꽉 끌어안았다.

"엄마~~~."

둘이 한참을 그렇게 부둥켜안고 울었다. 쳐다보고 또 끌어안고 울고, 또 쳐다보고를 반복하면서……. 그 모습을 지켜보던 별이와 룡이도 주르륵 눈물이 흐르고 말았다. 얼마나 지났을까, 천체 삼촌이 헛기침을 하면서 말을 꺼냈다.

"흠흠. 파이어니어 10호님. 괜찮으십니까? 몸도 많이 안좋으신데 여긴 너무 춥군요."

하긴, 목성의 표면온도는 영하 150도로 너무 추웠다.

"그런데 파이어니어 10호님, 어떻게 다시 목성으로 돌아오신 겁니까?"

천체 삼촌의 질문에 눈물을 훔치던 파이어니어 10호는 지친 몸을 추스르면서 대답했다.

"목성을 탐사하기 위해서 내가 최초로 보내졌지요. 목성의 대기온도, 표면사진 등 다양한 업무를 마치고 또 다른 임무를 가지고 태양계 밖으로 보내졌습니다. 태양계 밖으로 나간 최초의 인공물이 된 거지요."

"천문학자 칼 세이건이 만든 외계인에게 보내는 편지가 실린 상태로 언제 만날지 모르는 외계인을 위해 보내지셨지요."

천체 삼촌은 아는 것도 참 많다!

파이어니어 10호는 그때의 일이 생생하게 떠오르는 듯한 표정으로 과거를 회상했다.

"태양계를 떠난 나는 며칠 전 갑자기 눈깜짝씨의 아빠에게서 메시지를 받았어요. 우리 눈깜짝씨가 있는 지구가 위험에 처해있으니 다시 태양계로 돌아오라고. 급하게 돌아오는 길에 목성의 위성들을 피하지 못하고 그만……."

"아, 그랬군요."

천체 삼촌은 고개를 끄덕였다. 별이는 위험에 처한 지구를 구하려고 애쓰는 눈깜짝씨의 아빠, 엄마에게 감사한 마음이 들었다. 그리고 눈깜짝씨가 부모를 만나게 되어 너무 기뻤다. 하지만, 여기가 끝은 아니었다. 파이어니어 10호가 털어놓은 눈깜짝씨의 가족의 비밀과 가족의 힘은 더 놀라웠다.

내가 짱이야! 제우스

행성 중에서 가장 크고 밤하늘에서 금성 다음으로 밝은 행성인 목성은 영어로 주피터(Jupiter)라고 합니다. '신들의 우두머리' 라는 뜻으로 행성 중에서 가장 크기 때문에 신들의 왕인 제우스[Zeus, 로마에서는 유피테르(Jupiter)]로 붙여졌답니다.

제우스

제우스라는 이름은 빛, 낮, 하늘을 뜻한다고 합니다. 제우스는 아버지 크로노스를 물리치고 최고의 신이 된 존재지요.

그리스 신화에서 제우스는 크로노스와 레아(우라노스와 가이아의 딸) 사이에서 태어난 막내아들입니다. 크로노스는 자기 자식에게 왕위를 빼앗긴다고 하는 예언을 두려워하여 자식을 낳는 대로 잡아먹습니다.

다행히 제우스는 아버지에게 잡아먹히지 않았고 잘 성장해 영리한 메티스를 첫 아내로 맞이하게 됩니다. 이 며느리가 시아버지인 크로노스에게 몰래 약을 먹여 뱃속에 있는 형제들을 토해 내게 하였답니다. 제우스는 크로노스가 토해 낸 형제자매들과 힘을 합쳐 반란을 일으켜 왕위를 정복한 후 신과 인간을 동시에 지배하는 최고의 신이 됩니다. 세계를 정복한 후 형제들과 함께 세계를 지배하게 된 제우스는 하늘을 다스리고, 포세이돈은 바다, 하데스에게는 지옥을 지배하는 자리를 주었답니다.

　그리스인들이 생각하는 최고 신의 이름이 붙여진 목성은 기분 좋겠네요. 하긴 큰 덩치만큼이나 목성은 최고 신의 이름이 붙여질 만하지요. 목성의 이름이 지어질 당시에는 목성이 다른 행성에 비해 특별히 밝은 것도 아니고 가장 큰 행성이라는 사실이 알려지지도 않았다고 합니다. 그런데도 신들의 왕인 제우스라는 이름을 붙였다고 하는군요. 금성만큼 밝지는 않지만 금성이 초저녁과 새벽에만 보이는데 반해 목성은 밤새도록 볼 수 있었기 때문에 제왕의 이름을 붙였나 봅니다.

이오, 에우로파, 가니메데, 칼리스토

　이오(Io) : 제우스의 아내인 헤라의 시녀였습니다. 제우스의 사랑을 받았지만 헤라의 미움을 받아 흰 암소로 변하게 됩니다. 결국 제우스는 자신이 사랑했던 이오를 쫓아다니지 않을 것을 약속했고, 이로써 헤라는 이오를 보기 싫은 짐승의 모습에서 풀어줍니다. 그 후 이오는 이집트에 가서 이집트 최초의 여왕이 되었다고 합니다.

　에우로파(Europe) : 제우스의 사랑을 받은 페니키아의 공주입니다. 제우스는 황소로 변신하여 에우로파의 관심을 끌기도 했습니다. 나중에 크레타 왕국의 왕이 된 미노스는 제우스와 에우로파 사이에서 태어난 아들입니다. 에우로파는 오늘날 유럽대륙 이름의 기원이 되었습니다.

가니메데(Ganymedes) : 가니메데는 트로이 왕국의 왕자였습니다. 제우스는 인간 가운데 가장 아름다운 소년인 가니메데를 신들이 사는 곳으로 데려와 잔치가 열릴 때마다 신들의 음료를 따르는 일을 시켰다고 합니다.

제우스는 가니메데를 인간세계에서 하늘로 데려온 것이 미안했던지 그에게 불멸을 허락했습니다. 그 후 가니메데는 밤하늘을 수놓는 별자리 중에서 물병자리가 되었답니다. 그리고 그 근처에는 제우스가 독수리가 되어 날아가는 모습인 독수리자리가 있습니다.

칼리스토(Callisto) : 제우스의 사랑을 받은 탓에 헤라가 곰으로 만든 요정입니다.

칼리스토는 제우스와의 사이에서 아르카스라는 아들을 낳았는데요, 이 사실을 알게 된 질투의 여신 헤라는 제우스와의 사랑의 벌로 칼리스토를 흰곰으로 만들어 버렸습니다. 그 후 혼자 남게 된 아르카스는 다행히 어느 친절한 농부에게 발견되어 그의 집에서 키워지게 되었습니다.

아르카스는 자라면서 훌륭한 사냥꾼이 되었는데요, 어느 날 숲 속에서 사냥을 하던 아르카스는 우연히 칼리스토와 마주치게 되었습니다. 오랜만에 자식을 만난 칼리스토는 너무 반가워 자신이 곰인 것도 잊고 아들에게 달려갔습니다. 하지만 이 사실을 알 리 없는 아르카스는 곰이 자신을 공격한다고 생각하여 활을 쏘려고 하였습니다. 이 안타까운 상황을 보고 있던 제우스는 칼리스토를 구해주면서 헤라에게서 이들을 지켜주기 위하여 아르카스도 곰으로 변하게 하여 칼리스토와 함께 하늘에 올려 별자리가 되게 하였습니다. 이렇게 하여 큰곰자리와 작은곰자리가 만들어지게 되었답니다.

헤라는 칼리스토 모자가 아름답게 빛을 내는 하늘의 별이 된 것을 시기하여 바다의 신들에게 두 별자리가 바다에서 물을 마시지도 목욕을 하지도 못하게 해달라고 부탁했다고 합니다. 그래서 결국 이들은 오늘날 북극성 주변의 하늘만을 맴돌고 있습니다.

목성

목성은 행성 중에서 자전속도가 가장 빠릅니다.

행성이 고체로 되어 있으면 한 덩어리가 되어 돌기 때문에 한 바퀴 돌아오는 데 걸리는 시간이 어느 지역이나 똑같은데 기체로 되어있으면 서로 묶여있지 않기 때문에 지역별로 자전하는 속도가 다르답니다. 목성은 표면이 기체 상태 이기 때문에 자전이 복잡합니다. 자전이 빠르니 목성의 하루 길이는 행성 중에 서 가장 짧겠지요. 지구시간으로 9시간 55분 정도가 하루이니 잠들 만하면 아 침이고, 일할 만하면 자야 되고, 하루 한 끼만 먹어도 되겠네요.

또 엄청나게 큰 덩어리가 그토록 빨리 돌고 있으니 대기의 움직임도 줄무늬 구조로 나타나보이게 되는 것이지요. 지상에서 망원경으로 관측해도 표면의 변화를 관측할 수 있을 정도로 잘 발달해 있답니다. 심지어 어떤 사람은 맨눈 으로도 줄무늬의 구조를 볼 수 있다고 하네요.

이 대기층의 주요 성분은 암모니아인데, 햇빛을 받아 반사하면 색깔도 다양 하게 나타나서 흰색, 오렌지색, 갈색, 붉은색 등으로 보인답니다. 목성의 대기 에서 특이한 것은 대적점(큰 붉은 점)인데, 많은 연구결과 천문학자들은 이것 을 목성의 대기에서 일어나는 큰 소용돌이 모양의 태풍으로 설명합니다. 목성 의 입장에서 보면 점이지만 지구 크기의 3배 정도 되는 점입니다.

17세기 목성관측이 시작된 이후 300년이 흘렀건만 아직까지도 없어지지 않고 관측이 되는데, 태양계가 목성을 잃어버렸을 때 이점을 보고 목성인지 확인하면 될 것 같습니다.

토성
쌍둥이 형 만나고 싶어요

"그런데 말입니다. 파이어니어 10호님, 혹시 두 아드님의 행방은 잘 알고 계신가요?"

눈깜짝씨의 엄마인 파이어니어 10호의 이야기를 가만히 듣고만 있던 천체 삼촌이 입을 열었다.

"두 아들이라고용?"

눈깜짝씨는 깜짝 놀라 물었다. 두 아들이라면 눈깜짝씨에게 형제가 있다는 얘기가 아닌가. 파이어니어 10호는 고개를 끄떡이면서 말했다.

"그래. 눈깜짝씨야, 너에겐 쌍둥이인 두 형이 있단다. 그들은

1977년에 목성과 토성, 천왕성, 해왕성 등을 관측할 목적으로 우주로 보내진 보이저 1, 2호란다. 그들의 성과는 아주 대단하지. 목성의 아주 가는 고리를 발견하기도 하고 토성을 탐사하면서는 토성의 고리가 1,000개 이상의 가는 선으로 이루어져 있고 토성의 위성인 타이탄에는 짙은 질소의 대기가 덮여있다는 사실을 알려주기도 했단다. 물론, 토성의 새로운 위성들도 발견했지."

"그럼 형들은 지금 어디에 있나용? 제가 만나 볼 수는 있는 거좋?"

눈깜짝씨는 마음이 급해졌다.

"그게 말이다. 형들이 어디에 있는지 도무지 찾을 수가 없단다. 엄마와 아빠는 형들과 연락을 주고받을 수 있는 장치를 가지고 있지만, 형들의 탐험 경로가 워낙 멀어서 말이야. 토성을 탐사할 때까지만 해도 연락이 닿았는데, 작은형인 보이저 2호가 천왕성과 해왕성을 탐사하겠다고 혼자서 탐험을 떠나게 되자 연락이 두절되었단다."

눈깜짝씨의 작은형인 보이저 2호는 호기심이 왕성했다고 한다. 호기심 때문에 탐험을 마치고 지구로 함께 돌아가자던 큰형 보이저 1호의 권유를 무시한 채 머나먼 탐험의 길을 떠났던 것이었다.

물론 혼자 보내는 것이 염려된 큰형은 파이어니어 10호에게 마지막으로 둘째 형의 뒤를 쫓아 천왕성 쪽으로 간다는 연락을 했다고 한다. 눈깜짝씨는 두 형을 만날 수 있다는 생각에 신이 났었는데, 엄마의 말을 듣고는 잔뜩 풀이 죽었다.

"삼촌! 눈깜짝씨의 두 형을 찾을 길이 없는 거예요?"

별이도 섭섭한 마음에 천체 삼촌에게 물어보았다.

"아냐. 뭐 꼭 그렇다는 건 아니지. 자, 이제부터 우리가 찾아보면 되지 않겠니?"

"어디서 어떻게 찾아요? 눈깜짝씨의 엄마도 찾지 못하셨다잖아요."

"별이야! 우리가 언젠 쉬운 일에 도전했었니? 우선 말이야. 지구에 연락을 해보자꾸나. 비록 파이어니어 10호와는 연락이 닿지 않았지만, 토성과 천왕성, 해왕성을 탐험했다면 지구로 반드시 탐사 정보를 보냈을 테니깐 말이야. 보이저 1, 2호의 자취를 추적하다보면 그들을 찾을 수 있을 거란다."

보이저호

별이는 삼촌의 생각이 그럴듯하게 들렸다. 삼촌은 주저 없이 눈깜짝씨를 작동시켰다. 눈깜짝씨의 안테나가 방향을 바꿔 달을 향했다. 고요의 바다에 설치해 놓은 기지국과 연결을 하기 위해서였다. 전파를 쏘자 눈깜짝씨의 스크린에 달의 기지국이 나타났다. 그리곤 달의 기지국에 설치된 안테나가 다시 지구를 향해 전파를 쐈다. 그 전파는 지구 대한민국으로 보내졌다. 그러자 스크린에는 익숙한 얼굴이 등장했다.

"끄~윽~!!!"

앗, 더부룩 삼촌이었다. 아는 사람은 다 알겠지만 더부룩 삼촌은 천체 삼촌의 소 트림 연구를 도와주던 늘 속이 더부룩한, 삼촌의 친구이자 라이벌이었다.

"오랜만일세. 잘 지냈나?"

천체 삼촌은 더부룩 삼촌에게 인사했다.

"끄~윽! 그래. 오랜만이야. 어, 별이도 있구나. 별이야, 안녕? 모두들 잘 지내지? 거긴 어디인가?"

"네에~ 안녕하세요? 더부룩 삼촌! 여긴 우주예요. 예전에 보고 놀라셨던 눈깜짝씨를 타고 여기 와있어요."

"눈깜짝씨라면…… 순간적으로 커지고 살아 움직이는 우주선

같은 그 놀라운 친구 말이야? 오, 정말 그 능력이 놀랍구나. 이 더부룩 삼촌도 좀 데리고 가지 그랬니. 이 삼촌도 우주 여행을 참 좋아하는데 아쉽구나."

더부룩 삼촌은 씩~ 웃으면서 말했다.

"지금 우리가 이렇게 한가하게 수다를 떨 시간은 없다네. 뭘 좀 알아봐줘야겠는데 시간 괜찮지? 안 괜찮아도 시간을 좀 내게."

"그래그래. 자네가 하는 부탁인데 내가 뭔들 안 들어주겠나? 어서 말해 보게나."

"다름 아니라 보이저 1, 2호 말일세. 그들이 토성과 천왕성, 해왕성 등으로 이동한 발자취를 좀 알아봐줬으면 좋겠는데 말이야. 사실, 그들이 눈깜짝군의 형이거든."

"눈깜짝씨에게 형이 있다니 놀라운 걸. 잠시만 기다리게."

더부룩 삼촌이 스크린에서 갑자기 사라지고 부시럭거리는 소리만 들렸다. 잠시 후, 모습을 다시 드러낸 더부룩 삼촌은 먼지를 잔뜩 뒤집어쓴 모습이었다.

"자! 여기 찾았네. 우선, 보이저 1호에서 보내온 기록이야. 틀어볼테니 잘 들어보게나."

더부룩 삼촌은 눈깜짝씨의 큰형이 보냈다는 기록을 재생시켰고 눈깜짝씨와 파이어니어 10호, 천체 삼촌, 별이와 룡이는 귀를 쫑긋 세우고 기록을 들었다.

여기는 보이저 1호. 지금 보이저 2호와 함께 패션리더인 토성에 도착했습니다. 토성은 욕심이 많아서인지 위성도 제일 많고 고리도 다른 어떤 행성들보다 큽니다. 사람들의 관심을 가장 많이 끌었던 고리는 여기 가까이서 보니 사실 좀 실망스럽습니다. 지구에서 보면 찬란해 보이던 고리의 성분이 바로 얼음과 암석이기 때문인데요. 아쉽습니다. 여러 종류의 찬란한 보석이었으면 좋았을 텐데 말이죠. 갈릴레이가 처음 발견한 토성의 고리는 눈덩이와 암석 조각들이 토성 주위를 어슬렁거리다가 토성이 잡아끄는 힘 때문에 끌려 들어와서 부서진 것이라고 추측됩니다. 이것들끼리 서로 끌고 당기기도 하고 또 어떤 고리들은 춤을 추기도 합니다. 출렁거린다는 말이죠. 고리의 크기는 가장 안쪽에서 바깥쪽까지 지구 5개 정도가 들어갈 수 있을 정도입니다. 반면 두께는 고리에 따라 다르지만 수십에서 수백 미터 정도로 매우 얇습니다. 따라서 고리의 옆면이 지구를 향할 때 고리를 본다면 고리가 안 보이겠죠. 15년에 한

토성

번씩 "어, 토성이 살렸네." 하면서 놀랐던 이유가 바로 이 때문이 있습니다. 고리의 옆면이 지구를 향하는 일이 15년에 한 번씩 일어납니다. 고리를 이루는 눈덩이들 때문에 이곳을 통과하는 일에 걱정이 많았지만, 다행히도 큰 충돌은 없었습니다. 고리 속을 통과할 때 알갱이들과 간혹 부딪치기도 했는데 부딪치는 소리를 들어보시겠습니까?

긴 보이저 1호의 설명이 있고 나자 후두둑 후두둑 마치 눈덩이가 떨어지는 듯한 소리가 들렸다. 호기심 많은 별이는 토성의 고리를 한번 통과해보고 싶다는 생각이 들었다.

보이저 1호의 기록은 계속되었다.

이곳까지 오는데 걸린 시간은 빛의 속도로 1시간 30분입니다. 구름층을 뚫고 들어올 때 아주 강한 바람이 불어서 자칫하면 방향을 잃을 뻔 했습니다. 그리고 태양으로부터 멀리 떨어져 있어서 매우 춥습니다. 토성은 지구의 100분의 1정도밖에 태양 에너지를 받지 않는답니다. 이곳의 대기층의 온도는 영하 180도 정도로 매우 낮고, 토성 대기의 윗부분은 암모니아 성분으로 이루어진 두꺼운 구름으로 바나나 껍질보다 조금 더 진한 노란색입니다. 그래서 지구에서 깜빡이지 않는 노란빛으로 계속 빛나 보이는 것 같습니다. 또한 토성의 대기는 목성의 대기처럼 수소와 헬륨으로 되어있고 대기의 움직임도 목성과 비슷합니다.

앗! 잠깐만요!!

보이저 2호, 보이저 2호!!!

차분하게 토성의 대기에 대해서 조사를 하고 보고를 하던 보이저 1호가 갑자기 다급한 목소리로 보이저 2호를 불러대다가 통신이 끊어졌다. 무슨 일이 일어난 것이 틀림없었다. 뭔가 긴급한 일이 일어난 걸까? 별이는 답답해서 미칠 것만 같았다. 별이의 마음이 그러니 가족인 눈깜짝씨와 파이어니어 10호는 오죽하겠냐마는……

"여기까지가 보이저 1호가 보내온 토성에 관한 기록이네."

더부룩 삼촌이 스크린에 모습을 드러냈다. 그 이후의 기록은 찾을 수가 없다고 했다. 적어도 더부룩 삼촌에게는 말이다.

"그래, 알았네. 고맙네 친구."

천체 삼촌은 더부룩 삼촌에게 감사의 인사를 건넸다.

"아~ 그리고 말이야. 혹시 지구에 무슨 변화가 있거나 문제가 생기지는 않았지?"

천체 삼촌은 더부룩 삼촌에게 지구의 안부를 물어보았다. 아직까지 혜성의 위치를 파악하지 못했기 때문이었다. 더부룩 삼촌은 뜬금없이 그런 걸 왜 묻느냐는 듯이 아무 일 없이 잘 있다고 대답하고는 스크린에서 사라졌다.

"휴~ 역시 그렇군요."

눈깜짝씨의 엄마인 파이어니어 10호가 오랜만에 들어본 큰아들의 목소리 때문인지 눈물을 글썽거리면서 입을 열었다.

"보이저 2호는 호기심이 많았어요. 늘 그랬죠. 우리는 둘째의 탐험심이 큰 사고를 불러일으킬까봐서 언제나 노심초사 마음을 졸이면서 살았어요. 다행히 첫째 보이저 1호가 늘 둘째의 뒤를 쫓아다니면서 안전을 지켜주었어요. 혹시 떨어져 있더라도 둘은 쌍둥이여서 통하는 무엇인가가 있었거든요. 목성과 토성 탐사도 둘이 함께였기 때문에 안심하고 보낼 수 있었던 건데⋯⋯."

파이어니어 10호는 불안에 가득 찬 목소리로 말했다. 그러자 눈깜짝씨가 엄마를 꼭 껴안으면서 얘기했다.

"엄마. 너무 걱정 마세용. 형은 둘 다 모두 괜찮을 거예용. 저는 느낄 수 있어용."

"그래요. 지금 우리가 두 형제를 찾으러 떠나면 되니깐 너무 걱정하지 마세요. 자, 눈깜짝군! 토성 탐사를 마친 보이저 2호가 사라졌다면 어디로 갔을 것 같나?"

천체 삼촌은 진지하게 물었다. 별이는 그런 삼촌이 믿음직스러웠다.

"크룽크룽크크크룽!"

룡이는 보이저 2호가 천왕성으로 간 게 분명하다면서 손짓 발짓을 다해가면서 말했다. 어서 떠나자고!

 "그래용! 우리 삼형제가 다시 뭉치는 거예용! 어서 떠나야겠어
용! 자, 저를 단단히 붙잡으세용! 전속력으로 가야하니까용!"
 눈깜짝씨의 엄마는 아직 어리게만 보이던 눈깜짝씨에게 이런 놀
라운 능력이 있다는 사실이 너무 놀랍고 대견스러웠다. 파이어니
어 10호는 눈깜짝씨를 꼭 잡았다. 드디어 출발이었다. 머나먼 천왕
성을 향해서 출발!!!

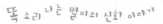
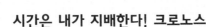

시간은 내가 지배한다! 크로노스

멋진 고리 때문에 다른 행성보다도 그 모습이 기억에 남는 토성은 영어로 새턴(Saturn)이라고 하고요, 그리스 신화에서는 '시간을 담당하는 신'인 크로노스(Kronos)가 여기에 해당합니다. 로마에서는 사투루누스로 불리는 신을 말하는데요, 사투루누스는 씨를 뿌리고 그것을 거두어 들이기까지의 모든 과정을 주관하는 '농사일을 담당하는 신'이었으며, 솥을 들고 있는

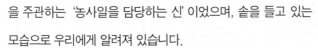

크로노스

모습으로 우리에게 알려져 있습니다.

그리스 신화에서 토성(크로노스)은 목성(제우스)의 아버지입니다. 크로노스가 누굽니까? 왕위를 빼앗길까봐 자신의 자식들을 잡아먹은 엽기적인 신이었지요.

크로노스의 부모는 하늘(우라노스)과 땅(가이아)입니다. 크로노스는 아버지 우라노스를 몰아내고 왕위를 차지하지만 결국 자신도 제우스(목성), 포세이돈(해왕성), 하데스(명왕성) 등 자식들이 일으킨 반란으로 쫓겨나는 신세가 됩니다. 부모 자식간의 싸움이라니! 쯧쯧쯧.

제우스 일당에게 왕위를 빼앗기고 올림포스에서 쫓겨난 크로노스는 로마로 건너와 사투루누스로 변신합니다. 그는 여기서 고대 로마인들을 모아 새로운 사회를 만들어 법률을 가르치는 등 평화롭고 풍요로운 사회를 만듭니다. 또한 로마인들에게 농사짓는 방법도 가르쳐주었습니다. 그가 다스리던 시대의 로마는 아주 살기 좋았다고 전해집니다.

토성이 시간의 신인 크로노스라는 이름을 얻게 된 것은 당시 그리스인들이 알고 있던 행성 중에서 가장 느렸기 때문이라고 천문학자 칼 세이건이 말했습니다.

또한 사람들은 밤하늘에 보이는 토성의 황금빛 모습에서 이것과 어울리는 흙과 농사일을 생각했나 봅니다. 그래서 농사의 신이라는 이름을 붙여주었겠지요. 한편 중국에서는 토성을 재앙과 불행의 별로 생각했습니다. 토성이 목성과 만나는 해에는 전쟁이 일어나거나 가뭄으로 인한 굶주림이 발생한다고 생각했을 정도인데요. 실제로 그리스 신화에서 제우스(목성)와 크로노스(토성)는 싸움을 했었지요. 그렇다면 그 당시 중국 사람들은 제우스와 크로노스가 싸움을 한 사실을 알고서 그런 예측을 했었을까요? 흥미로운 얘기입니다. 인도에서도 토성을 재앙의 별로 생각하여, 일을 하다가도 하늘에 토성이 보이면 멈추고 집으로 돌아갔다고 합니다.

우리나라에서는 황색을 지녔으므로 흙의 요소를 가진 것으로 보아 토(土)성이라고 합니다.

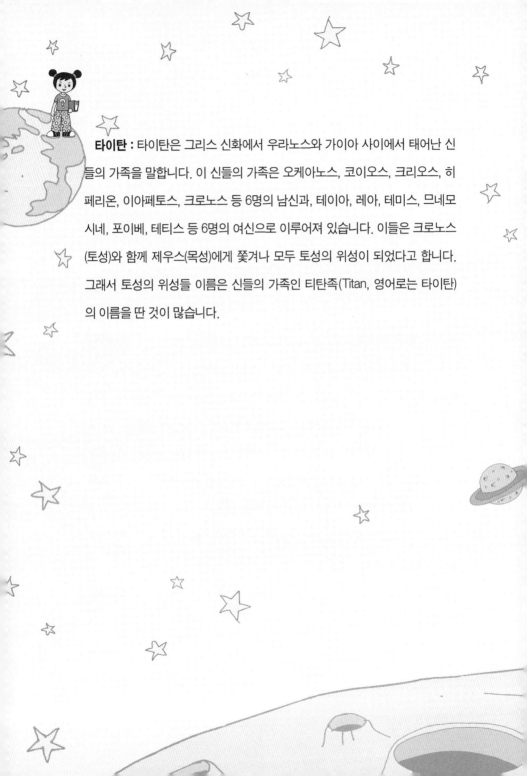

타이탄 : 타이탄은 그리스 신화에서 우라노스와 가이아 사이에서 태어난 신들의 가족을 말합니다. 이 신들의 가족은 오케아노스, 코이오스, 크리오스, 히페리온, 이아페토스, 크로노스 등 6명의 남신과, 테이아, 레아, 테미스, 므네모시네, 포이베, 테티스 등 6명의 여신으로 이루어져 있습니다. 이들은 크로노스(토성)와 함께 제우스(목성)에게 쫓겨나 모두 토성의 위성이 되었다고 합니다. 그래서 토성의 위성들 이름은 신들의 가족인 티탄족(Titan, 영어로는 타이탄)의 이름을 딴 것이 많습니다.

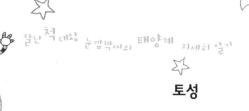

토성

행성들의 잠수대회

태양계 행성들의 잠수대회가 열렸습니다. 태양계 행성들 한 줄로 서서 '시작' 소리와 함께 잠수를 합니다. 잠시 후 어떤 일이 생길까요? 네 토성이 불쑥 물 위로 올라오는군요. 아! 어떻게 된 일일까요? 몇 초도 안 되어 물 위로 떠오르다니……. 토성이 외칩니다. "도저히 잠수가 안 되요." 옆에 있던 꼬마가 외칩니다. "튜브를 벗어야지." 토성 또 외칩니다. "아 이건 절대 벗을 수가 없어요." 그런데 가만 보니 목성, 천왕성, 해왕성도 튜브가 있네요. 그런데 왜 토성만 물에 둥둥 떠오를까요. 초강력 튜브라서 그런가?

토성은 잠수를 절대 못합니다. 왜냐고요?

그건 토성이 물보다 가볍기 때문이지요.

모양이 제일 납작하다고요. 일명 동글 납작 신사

우주 탐사선에서 보내온 토성의 사진을 보면 다른 행성과는 달리 유난히 동글 납작하다는 것을 느낄 수 있을 것입니다. 왜 토성은 동글 납작 신사가 되었을까요?

토성은 중심에 알사탕이 있고 그 바깥을 아주 물렁물렁한 젤리가 감싸고 있고 또 그 바깥을 솜사탕이 아주 크게 감싸고 있다고 생각하면 되는데요. 이걸 빠르게 돌린다고 생각해 보세요. 어떻게 되겠습니까? 솜사탕 부분은 서로 약하게 연결되어 있기 때문에 마구 돌리면 옆으로 퍼져 납작한 타원모양이 되겠지요. 토성도 마찬가지입니다.

토성의 자전주기는 10시간 45분 정도입니다. 즉 태양계 행성 중에서 목성 다음으로 자전이 빠른 행성이지요.

표면이 두꺼운 기체로 이루어져 밀도도 작은데 그렇게 빨리 자전하니 토성의 모양이 어떻게 되겠습니까? 옆으로 퍼지겠지요. 그래서 태양계 행성 중 적도 쪽이 불룩하고 전체적으로는 납작한 모양을 하고 있답니다.

달, 달, 무슨 달, 요기 조기 숨은 달, 어디 어디 떴니? 여기 저기 떴다

토성은 아름다운 고리 이외에도 태양계 행성 중에서 가장 많은 위성을 갖고 있습니다. 토성의 위성 중에 가장 유명한 것은 아마도 타이탄일 것입니다. 타이탄은 태양계 행성 중에서 가니메데 다음으로 큰 위성으로 행성인 수성보다 큽니다.

타이탄이 흥미를 끄는 이유는 태양계 위성 중에서 비교적 많은 공기를 갖고 있다는 사실 때문일 겁니다. 타이탄의 대기는 주로 질소로 되어있고 지구보다 1.5배나 많이 있답니다. 행성인데도 대기가 없는 수성, 자존심 상하겠죠?

타이탄은 크기가 지구의 반 정도이기 때문에 잡아당기는 힘이 약할 텐데……. 그럼에도 불구하고 대기가 있는 이유는 무엇일까요?

그건 타이탄이 너무 춥기 때문이랍니다. 타이탄의 표면 온도는 영하 180도 정도인데 이렇게 추운 환경에서라면 공기 입자들도 추워서 잘 움직이질 않는답니다. 그래서 공기들이 타이탄에 그대로 머물러 있게 되는 거겠죠.

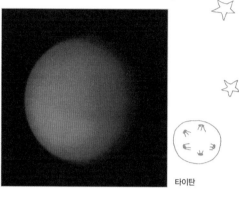

타이탄

타이탄에 있다면 날씨는 몹시 춥죠, 하늘은 어둡죠, 거기다 가끔씩 또는 억수로 많이 메탄비가 내리죠, 정말 그다지 아름답지 못한 환경이군요.

2005년 1월에 호이겐스호(타이탄은 네덜란드의 과학자인 호이겐스가 발견했습니다.)가 타이탄 표면에 무사히 착륙하여 많은 사람들을 흥분시켰습니다. 앞으로 탐사선에서 보내오는 각종 정보가 타이탄에 대한 더 많은 사실을 알려줄 것입니다. 호이겐스호는 인류가 지구 외 다른 천체에 착륙시킨 탐사선 중에서 가장 먼 곳에 착륙한 탐사선이 되었는데요. 영광이겠죠? 호이겐스호의 멋진 활약을 기대해 봅니다.

천왕성
셰익스피어의 주인공 이름 알아 ?

천왕성으로 가는 길은 멀고도 멀었다. 물론, 일반 탐사선이었다면 상상조차 할 수 없는 속도였지만 눈깜짝만 하면 원하는 곳으로 순간 이동해 있던 눈깜짝씨에게는 이 시간이 길게만 느껴졌다. 숱한 탐험을 다닌 별이도 한 시간 남짓한 시간이 참 길게 느껴진 모양이었다.

"삼촌! 눈깜짝씨가 더 빨리 갈 순 없는 거예요?"

"휴~ 천왕성까지가 참 멀긴 멀구나. 나도 맘 같아서는 속력을 올리고 싶다만, 이게 눈깜짝군의 최고 속력이란다. 하긴 천왕성은 태양에서 토성까지의 거리보다 2배나 머니 보통 먼 게 아니지."

"토성까지보다 2배라고요?"

별이는 삼촌의 설명을 듣고는 놀라 넘어질 뻔했다.

"그렇단다. 처음에 이 천왕성이 별이 아닌 행성으로 확인되고 나서 태양계의 크기가 사람들이 처음 측정했던 것보다 2배가 커졌으니 정말 어마어마한 거지."

삼촌이 한참 설명을 하고 있을 때, 창문 밖을 내다보고 있던 룡이가 급히 다가와 양손으로 별이와 천체 삼촌을 잡아끌었다.

"뭔데~ 왜 그래, 뭘 봤는데?"

별이는 룡이 손에 이끌려 저 멀리 우주 밖을 내다보았다. 그곳에서 우주의 어디론가를 향해 열심히 가고 있는 또 하나의 탐사선을 볼 수 있었다. 저 탐사선은 혹시……

"파이어니어 10호님, 저기에 있는 저 탐사선이 바로 큰아들 보이저 1호 아닌가요?"

창밖의 존재를 확인하고 열심히 책자를 뒤진 천체 삼촌이 파이어니어 10호에게 물어보았다. 파이어니어 10호는 감격의 눈물을 흘리면서 고개를 끄덕였다.

"눈깜짝씨야! 너의 큰형이란다."

"형? 큰형!!"

눈깜짝씨는 어디서 힘이 나왔는지 지금보다 더 빠른 속도를 내어 보이저 1호를 향해 날아갔다. 그리곤 꽉 껴안았다. 보이저 1호는 알 수 없는 물체가 자신을 끌어안자 빠져나오려고 발버둥을 쳤다. 하지만 도저히 빠져나올 수가 없었다.

"누구…… 누군데 이러시는 거예요?"

보이저 1호가 간신히 숨을 쉬면서 질문을 하자, 파이어니어 10호가 두 아들 사이에 섰다.

"어? 엄마!!! 엄마가 여긴 웬일이세요?"

"보이저 1호야. 너의 막내 동생 눈깜짝씨란다!!!"

엄마의 갑작스런 등장과 소개에 놀란 보이저 1호는 순간 어안이 벙벙해졌지만, 이내 정신을 차렸다. 그리곤 이번엔 보이저 1호가 눈깜짝씨를 힘껏 끌어안았다. 정말 눈뜨고 못 봐줄 뜨거운 형제애였다.

"그런데 큰 애야. 둘째는 어디 있니? 응?"

엄마의 질문에 보이저 1호는 마치 무슨 죄라도 지은 것처럼 고개를 푹 숙이고는 작은 목소리로 대답했다.

"죄송해요. 엄마! 제가 동생을 잘 돌보지 못했어요. 토성 탐사를 막 마치려고 하는 찰나에 보이저 2호가 천왕성을 향해 전속력으로 날아가기 시작했어요. 제가 많이 늦어서 뒤처지기는 했지만, 보이저 2호가 천왕성에 들른 것은 분명해요. 제게 연락이 왔었거든요."

"연락이 왔었다고용?"

"응! 보이저 2호와 난 쌍둥이이기 때문에 아무리 먼 거리에 있어도 연락을 취할 수가 있어. 서로의 기분도 함께 느낄 수 있지. 한쪽이 기쁘면 다른 한쪽도 괜히 기분이 좋고, 아프면 나머지도 몸이 찌뿌드드하고 말이야."

눈깜짝씨는 항상 같이 있지 않아도 그런 감정을 함께 느낄 수 있는 분신 같은 존재가 있는 형이 부러웠다. 지금까지 쭉 혼자였기 때문에 더 그랬다. 탐사선 가족의 대화를 가만히 듣고 있던 천체 삼촌이 갑자기 헛기침을 하면서 끼어들었다.

"흠흠! 근데 말입니다. 지금은 보이저 2호와 연락이 닿질 않나요? 평소에 그렇게 서로에 대해서 잘 느낄 수 있다면 지금도 어디에 있는지 알 수 있을 텐데 말이에요."

보이저 2호만 찾을 수 있다면 눈깜짝씨는 엄마와 두 형이라는 소중한 가족을 찾게 되는 것이다. 그리고 파이어니어 10호의 걱정도

덜어내고……. 삼촌의 말에 보이저 1호는 말을 더듬었다.

"그게, 저도 그게 걱정이 되서 말입니다. 제 할 일은 제쳐두고 빠른 속도로 보이저 2호를 찾아 천왕성으로 가는 거랍니다. 이상하게도 목성을 떠난 뒤 연락이 두절되었어요. 분명 저 앞에 천왕성이 보인다는 연락을 받았거든요."

눈깜짝씨의 엄마 파이어니어 10호는 부르르 떨면서 눈물을 흘리기 시작했다. 보이저 1호와 눈깜짝씨는 엄마를 꼭 껴안으면서 괜찮을 거라고 위로했다.

"삼촌! 어서 가봐요. 보이저 2호 역시 파이어니어 10호처럼 천왕성에서 무슨 위험에 처해 있는지도 모르잖아요. 어서 가서 우리가 도와야지요."

보이저 1호는 막내 동생에게 업혀 간다는 사실이 좀 미안했는지 처음에는 혼자 가겠다고 주장했지만 눈깜짝씨의 굉장한 속도를 전해들은 후에 대단한 녀석이라면서 칭찬을 아끼지 않고 눈깜짝씨를 꼭 잡았다. 눈깜짝씨는 정말 눈 깜짝할 사이에 천왕성에 다다랐다.

천왕성

손만 뻗으면 닿을 것 같은 천왕성은 지구의 4배 정도 되는 크기에 녹색이 섞여있는 푸른색을 띠고 있었다. 가장 특이한 것은 자전축이 공전면에 대해 거의 누워있다는 거였다. 그래서 천왕성의 북극이 태양을 향해 있었다.

"이런 행성은 처음인데요?"

"그래. 별이 네가 잘 보았구나. 자전축의 위치 때문에 지금처럼 천왕성의 북극이 태양을 향하고 있을 때 천왕성의 북반구에 있다면 하루 종일 해가 하늘에서 빙빙 돌기만 하는 여름을 21년 동안 계속 경험하게 된단다."

"21년이요? 천왕성은 시간이 느리게 가는 4차원의 세계인가요?"

"아하하하, 재미있는 상상이로구나. 그게 아니라 천왕성의 하루 길이는 17시간 정도이고, 태양 주위를 한 바퀴 돌아오는데 걸리는 공전시간은 84년 정도란다. 그러니 84년 동안 한 계절을 한 번씩 거치려면 21년이라는 얘기지."

"만약 우리가 천왕성에서 산다면 평생 동안 봄, 여름, 가을, 겨울을 딱 한 번 볼 수 있겠는데요."

"뭐, 평생을 한곳에 머무른다면 그렇겠지만, 우리 별이처럼 봄을 좋아한다면 좋아하는 계절을 찾아서 다른 지역으로 이사가면 되지 않겠니?"

별이와 천체 삼촌이 대화를 나누는 동안 눈깜짝씨는 천왕성의

표면에 착륙했다. 보이저 1호는 천왕성까지 오는 내내 눈깜짝씨의 속력에 놀라움을 금치 못하면서 이제까지 이런 탐사선은 본 적이 없다고 칭찬을 아끼지 않았다. 눈깜짝씨는 처음 만난 큰형으로부터 칭찬을 듣자 어깨가 으쓱해지면서 자신이 자랑스럽게 느껴졌다. 그래서 한술 더 떠 오랜만에 가지고 있던 지식을 늘어놓았다.

"자~ 수소와 헬륨 대기로 구성된 천왕성에 도착하셨습니당. 천왕성의 색깔을 푸른 녹색으로 보이게 하는 구름층은 목성이나 토성과는 달리 메탄으로 이뤄진 이 구름층 때문이랍니당. 예상하셨겠지만 구름 윗부분의 온도는 영하 215도로 측정됩니당."

'하여간 천체 삼촌이나 눈깜짝씨나 띄워주면 안된다니깐……'

별이는 고개를 절레절레 저으면서 룡이와 함께 천왕성의 표면으로 나가보았다. 보이저 2호의 발자취를 찾기 위해서 일행은 천왕성의 곳곳을 둘러보기로 했다. 한참을 찾아도 어느 곳에서도 보이저 2호의 흔적을 찾을 수가 없었다. 일행은 뭔가 다른 방법을 찾아보기로 했는데, 보이저 1호만 한자리에서 꿈쩍을 안하고 정지해 있었다. 눈깜짝씨가 제일 먼저 보이저 1호에게 다가갔다.

"형! 왜 그래용? 무슨 일이에용? 넹?"

눈깜짝씨의 뒤를 따라 별이와 룡이, 그리고 파이어니어 10호와 천체 삼촌이 보이저 1호의 주위를 에워쌌다. 보이저 1호의 옆에는 셰익스피어의 문학 작품이 놓여있었고 보이저 1호는 마치 명상을 하는 사람처럼 눈을 감고 뭔가에 정신을 집중하고 있었다.

"이곳에 이 책이 떨어져있었어요. 셰익스피어는 보이저 2호의 것이에요. 분명 여길 지나간 건데…… 지나간 흔적을 찾을 수가 없네요. 천체 박사님, 제게 잠깐의 시간을 주세요. 정신을 집중해서 보이저 2호를 찾아볼게요."

"그러세요. 자, 우리 모두 조용히 하자꾸나."

천체 박사는 보이저 1호를 방해하지 않기 위해서 별이와 룡이를 이끌고 눈깜짝씨의 안으로 들어갔다. 눈깜짝씨도 큰형을 위해 무엇인가를 돕고 싶었지만 도울 방법을 몰랐다. 그냥 형이 하는 일을 제대로 할 수 있게 조용히 해 주는 것밖에 없었다. 별이는 아무리 생각해도 보이저 2호와 셰익스피어가 잘 연결이 되지 않아 답답했다. 눈치 빠른 천체 삼촌은 별이에게 따뜻한 코코아를 한 잔 주면서 물었다.

"이상하지?"

"네에. 천왕성과 보이저 2호, 그리고 셰익스피어. 도무지 어떤 연결고리가 있는 건지 모르겠어요."

"그래, 우리 별이가 궁금할 줄 알았다. 보이저 2호는 천왕성을 조사하면서 위성을 더 많이 발견한 거야. 이전엔 5개인 줄로만 알았던 위성 이외에 10개의 위성이 더 있음을 확인한 거지. 현재까지 알려진 천왕성의 위성은 20개 정도인데, 이 위성들의 이름은 주로 셰익스피어의 문학 작품 속에 등장하는 주인공들의 이름으로 되어 있단다. 대표적인 5개의 위성은 미란다, 아리엘(중세시대에 나오는 공기의 요정, 셰익스피어의 작품 『태풍』에도 나옴), 움브리엘, 티타니아, 오베론(셰익스피어의 『한여름밤의 꿈』에 나오는 요정)

이야. 어때? 궁금증이 풀렸니?"

별이는 환한 웃음을 지으면서 고개를 끄덕였다. 역시 궁금한 것은 한 개도 놓치지 않는 호기심 소녀 별이였다. 별이가 코코아 한 잔을 거의 다 마실 때쯤 드디어 보이저 1호가 눈을 떴다.

"알아냈어요!"

"응? 네 쌍둥이 동생이 어디 있는지 알아낸 거니? 동생에게 별일은 없는 거야?"

"엄마! 한 개씩용!! 형, 어서 말해봐용."

계속 두 손을 모아 기도를 하던 파이어니어 10호가 흥분해서 말하자 눈깜짝씨는 흥분한 엄마를 진정시키면서 형을 재촉했다.

"음. 보데의 법칙을 이용해서 보이저 2호의 위치를 알게 되었어요. 동생은 지금 해왕성에 있어요. 보이저 2호와 저처럼 쌍둥이 같은 존재인 천왕성과 해왕성. 행성들의 쌍둥이의 힘으로 해왕성으로 정신을 잃고 끌려간 거예요."

별이는 무슨 소리인지 알아들을 수가 없었다. 보데의 법칙은 뭐고, 쌍둥이 힘으로 끌려간 건 또 뭐란 말인가.

"크룽 크르룽?"

룽이도 무슨 말인지 하나도 모르겠다고 질문을 했다.

"아! 그렇습니까? 그럼 어서 해왕성으로 떠나지요. 별이야, 해왕성까지는 태양에서 지구까지 거리의 30배가 되는 거리이니 가는 동안 의문점들을 풀어주마. 지금은 시간을 아껴야 하니깐 말이야."

별이는 고개를 끄덕였다. 그리고 궁금증을 가슴에 품은 채 해왕성을 향해 출발했다.

목성의 아버지는 토성, 토성의 아버지는 천왕성!

태양계의 크기를 넓혀준 천왕성은 영어로 우라 누스(Uranus)라고 합니다. 그리스 신화에서는 '하 늘의 신'인 우라노스(Uranos)에 해당합니다. 우 라노스는 최초로 세계를 지배한 신이었지만 아들 인 크로노스에게 쫓겨난 신입니다.

우라노스

그리스 신화에 나오는 우라노스는 신들의 할아버지라고 할 수 있습니다. 우 주가 처음 만들어질 때 혼란한 상태에서 스스로 태어난 땅의 여신 가이아는 자 신의 크기와 같은 하늘을 만들었는데 이것이 우라노스입니다. 우라노스는 다 시 어머니인 가이아와 결혼을 합니다. 가이아는 우라노스의 어머니인 동시에 아내이지요.

여기서 잠깐! 도대체 뭐가 이렇게 복잡한지 신들의 세계는 정말 알다가도 모 를 일입니다. 우라노스는 어머니 가이아와 결혼해서 여러 신들을 낳습니다. 그 중의 하나인 아들 크로노스에게 왕의 자리를 빼앗기게 되지요. 이 무슨 운명의 장난이란 말입니까? 불쌍한 하늘이여…….

천문학자들이 천왕성의 이름을 우라노스로 정한 것은 천왕성이 토성보다 멀리 있기 때문이라고 생각됩니다.

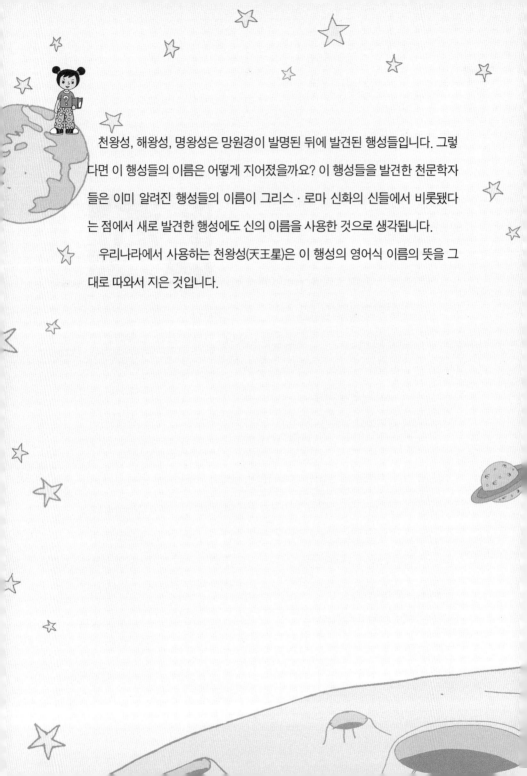

천왕성, 해왕성, 명왕성은 망원경이 발명된 뒤에 발견된 행성들입니다. 그렇다면 이 행성들의 이름은 어떻게 지어졌을까요? 이 행성들을 발견한 천문학자들은 이미 알려진 행성들의 이름이 그리스·로마 신화의 신들에서 비롯됐다는 점에서 새로 발견한 행성에도 신의 이름을 사용한 것으로 생각됩니다.

우리나라에서 사용하는 천왕성(天王星)은 이 행성의 영어식 이름의 뜻을 그대로 따와서 지은 것입니다.

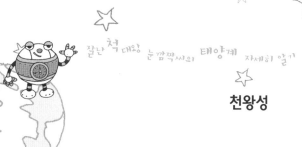

천왕성

하늘을 사랑한 음악가가 발견한 천체

옛날 영국에 밤하늘의 별세계와 망원경을 통해 보이는 우주의 신비로운 모습을 너무나 사랑한 한 사람이 있었습니다.

그는 낮에는 교회의 오르간 연주자로 일하고 밤에는 자신이 직접 렌즈를 깎아 만든 망원경으로 하늘을 관측하면서 우주의 신비를 푸는 열쇠를 찾는 일에 몰두하였습니다.

이 사람이 바로 태양계의 일곱 번째 행성인 천왕성을 발견한 윌리엄 허셜이랍니다. 허셜은 항상 천체를 관측하면서 거대한 우주의 모습을 그려보겠다는 꿈을 가지고 있었습니다. 허셜은 1781년 3월 13일에 쌍둥이자리 한쪽에 자리잡고 있는 파란빛을 내는 자그마한 원반모양의 천체를 발견했는데 처음에는 태양에서 멀리 있어 아직 꼬리가 덜 발달한 혜성인 줄 알았다고 합니다. 그 후 천문학자들이 허셜이 발견한 이 천체를 관측한 결과 태양계의 일곱 번째 행성임이 확인되었지요. 이 천체를 발견한 공로로 허셜은 왕립과학협회의 회원이 되었고 평생을 안정된 생활 속에서 천문관측으로 일생을 보내면서 현대 천문학의 기초가 되는 많은 업적을 남겼답니다.

윌리엄 허셜

허셜은 이 천체를 영국 왕립과학협회에 보고하면서 이 행성의 이름을 당시 국왕인 조지 1세의 이름을 따서 지을 것을 주장하였습니다. 그래서 한동안 '조지왕의 별'로 불리다가 독일, 프랑스 등 유럽국가에서는 '새턴(토성)'의 아버지인 '우라노스(천왕성)'로 불러야 한다고 주장하였고 이 주장이 받아들여져 오늘날에는 우라노스(천왕성)로 부른답니다.

천왕성이 발견된 곳은 보데의 법칙이 비교적 잘 들어맞는 위치였습니다. 따라서 천왕성이 발견된 후 보데의 법칙은 더욱 인정을 받게 되었는데요. 이 법칙대로라면 화성과 목성 사이에도 행성이 있어야 된다고 믿게 되었고 결국은 소행성을 발견하게 되었답니다. 그러니 천왕성의 발견은 소행성들을 발견하는 계기가 된 셈이지요.

천왕성 위성들의 재미난 움직임

천왕성의 위성들은 천왕성의 적도면에 대해 평행하게 돌고 있습니다. 그런데 천왕성의 자전축은 다른 행성들과는 달리 누워있지요. 그렇다면 이 위성들의 움직임이 어떻게 나타날까요? 천왕성의 위성들은 천왕성의 위쪽에서 나타났다가 아래쪽으로 사라지는 운동을 하고 있답니다. 천왕성의 자전축이 누워있다는 사실은 이처럼 천왕성 주위를 특이하게 움직이는 위성의 운동으로 알 수 있었답니다.

해왕성
폭풍 속에서 정신을 잃은 보이저 2호

"그래서요? 눈깜짝씨의 설명에도 잘 이해가 되질 않아요."

별이는 천왕성을 발견한 허셜의 얘기와 해왕성과 보이저 2호가 어떤 관계가 있는지를 도무지 이해할 수가 없었다. 그러자 삼촌은 별이가 잘 이해하지 못하는 것이 당연하다고 격려해 준 후 얘기를 계속 이어나갔다.

천왕성이 알려지고 나자 천문학자들은 이 새로운 행성에 대해 관심을 보이면서 천왕성의 움직임에 대해 많은 관측을 하였다고 한다. 천왕성의 움직임을 보니 이상한 점이 있다는 것을 알게 되었는데 그건 바로 천왕성이 천문학자들의 예상과는 달리 자기의 위치를 자꾸만 벗어나 비틀거리는 운동을 하고 있다는 것이었다.

1843년, 이 사실을 우연히 접하게 된 영국 켐브리지 대학교 수학과 학생이었던 22세의 아담스는 천왕성의 움직임이 예상과 다른 이유는 천왕성 밖에 새로운 행성이 있어 이 행성이 천왕성의 움직임에 영향을 주기 때문이라고 생각했다. 그는 8번째 행성이 있다는 가정을 세우고 그 위치와 질량을 계산했다. 그리고나서 아담스는 이 새로운 행성을 찾아달라고 애써 계산한 자료들을 전문가들에게 보냈지만 학자들은 그가 어리다는 이유로 무시하였다고 한다.

한편 1846년 프랑스의 천문학자인 르베리에도 천왕성의 움직임이 이상한 것을 보고 새로운 행성이 있을 것으로 예상하였다. 그는 보데의 법칙을 이용하여 새로운 행성이 있을 만한 장소를 예측하였다. 그 후 자신의 힘으로는 도저히 찾을 수 없어 베를린 천문대에 있는 갈레에게 찾아달라고 부탁하였다. 갈레는 바로 그날 밤 르베리에가 예측한 장소에서 조금 떨어진 곳에서 해왕성을 발견하였다. 이렇게 해서 태양계는 식구가 하나 더 늘어나게 되었다고 한다. 해왕성은 아담스와 르베리에 두 사람에 의해서 태양계 가족으로 인정받게 된 것이다.

"어리다고 무시하면 안 된다니깐요."

별이는 사람들이 자기가 어리다는 이유로 자꾸만 무시하던 기억을 떠올리면서 격앙된 목소리로 말했다.

"아하하하, 여하튼 말이다. 해왕성은 크기나 속 모양, 구성물질들이 천왕성과 비슷하단다. 그래서 종종 이 두 행성을 쌍둥이 행성으로 보기도 하지. 물론 색은 어느 것과도 비교할 수 없을 정도로 정말 한없이 맑고 투명한 푸른색으로 표현될 수 있을 만큼 정말 환상적이지만 말이야. 천왕성을 탐사하고 있던 보이저 2호는 쌍둥이 행성인 해왕성에서 폭풍이 일어나자 그걸 잠잠하게 가라앉히기 위해서 해왕성을 도와달라는 천왕성의 부탁을 받고 해왕성으로 끌려간 것이 분명한 것 같구나. 보이저 1호의 직감으로 추측해보면 말이다."

천체 삼촌은 긴 설명을 마치고 자신의 이야기가 맞는지, 정확한지를 확인하기 위해서 보이저 1호를 쳐다보았다. 보이저 1호는 굳은 표정으로 고개를 끄덕였다. 모험이 끝도 없었다. 이번엔 어떤 방법으로 보이저 2호를 구해내야 하는지 기대 반 두려움 반이었다.

이런 저런 걱정으로 달려온 해왕성은 지

해왕성

구 60개 정도가 모여 있는 크기였다. 바라보고 있으면 맑고 투명한 가을의 푸른 바다를 연상시키는 그런 아름다운 행성인 것 같은데, 보이저 2호를 위험에 빠뜨릴 만한 어마어마한 위험이 도사리고 있다니…… 겉모습만 보고 쉽사리 판단해서는 안 된다.

가까이에서 보게 된 해왕성은 어마어마한 속도로 자전하고 있었다. 약 17시간마다 한 바퀴라니,해왕성의 표면 위에 서 있으면 너무 어지러울 것 같았다. 반면 태양 주위를 도는 데는 완전 느림보였다.

"공전하는데 걸리는 시간은 165년이란다."

"네? 아휴, 너무 게으르네요."

"아냐. 꼭 해왕성의 탓이라고만은 할 수 없단다. 태양으로부터 너무 멀리 떨어져있으니 그만큼 먼 길을 돌아야 하고 태양과 서로 잡아당기는 힘이 약해서 빠른 속도를 낼 수도 없는 거지."

천체 삼촌의 말을 들으니 그도 그럴 법했다. 타원형의 트랙을 도는 경기를 할 때 조금이라도 시간을 줄이기 위해서 원 중심 쪽에서 돌려고 하는 선수들의 모습을 떠올려보니 충분히 이해가 되었다.

"그렇담 해왕성보다 더 멀리에 있는 명왕성은 공전주기가 더 길겠네요?"

"우와~ 우리 별이가 이제 천체 박사가 다 되었구나. 장하다, 이 삼촌이 열심히 가르친 보람이 있어요."

천체 삼촌은 별이의 머리를 쓰다듬어주었다.

"박사님! 저기요! 저기!!"

보이저 1호는 보이저 2호를 발견했다면서 해왕성 쪽을 가리켰다. 보이저 2호는 예상했던 것처럼 엄청난 속도의 폭풍 속에서 정신을 잃고 있었다.

"형!!!"

"둘째야!!!"

보이저 1호와 눈깜짝씨, 그리고 파이어니어 10호는 누가 먼저라 할 것도 없이 보이저 2호를 향해 가려고 했다. 천체 삼촌은 아무런 대책 없이 가는 것은 너무나도 위험한 일이라면서 간신히 그들을 말렸다.

"삼촌, 그럼 이제 어떻게 해야 해요. 이렇게 넋 놓고 지켜볼 수만은 없잖아요."

"그렇지. 자, 생각을 좀 모아보자꾸나. 이거 생각보다 상황이 어려운데……."

수소와 헬륨가스로 가득 찬 해왕성의 대기를 뚫고 들어가는 것에 성공한다고 해도 정신이 없는 보이저 2호를 데리고 다시 밖으로 나오기란 쉬운 일이 아니었다. 게다가 눈깜짝씨를 잡아당길 만한 지지대 같은 것도 없었고…….

"이대로…… 이대로, 둘째 형을 무기력하게 쳐다봐야만 하는 거예용?"

눈깜짝씨는 실망감에 고개를 떨궜다.

그때였다. 한없이 푸르게 보이던 해왕성 주변에서 분홍색의 무언가가 번쩍였다.

"앗! 그래, 바로 저거다!"

천체 삼촌은 해결책을 찾은 듯이 소리쳤다. 분홍색을 띠고 있는 것은 해왕성의 위성들 중 가장 유명한 트리톤이었다. 위성들 중에서는 유일하게 해왕성의 자전 방향과는 반대로 해왕성 주위를 돌고 있었다.

"저 위성으로 뭘 어쩌시겠다고용?"

"눈깜짝군, 트리톤의 특성을 읊어보게."

"트리톤은 해왕성의 자전 반대 방향으로 돌고 있고, 그 도는 힘이 약해져서 자꾸만 해왕성으로 접근하고 있지용. 계속 해왕성 쪽으로 향한다면 1억 년 내에는 파괴될 것으로 예상되고 있습니당."

"파괴라고요?"

별이는 두 눈을 동그랗게 뜨고 말했다. 별이의 말을 듣고 눈깜짝씨는 별이보다 더 놀랐다.

"그건 말도 안되용. 1억 년이라는 시간을 기다릴 수는 없다고용. 게다가 기다린다고 해도 해왕성이 파괴된다면 둘째 형의 생사여부를 장담할 수 없는 거잖아용. 형에게 폭탄을 던지는 행위를 할 수는 없어용."

눈깜짝씨는 울먹울먹한 소리로 말했다. 천체 삼촌은 여유롭게 피식 웃으면서 말했다.

"눈깜짝군! 내가 그런 일을 할 사람으로 보이나? 이거 실망인데."

천체 삼촌은 트리톤을 자세히 보라면서 손짓했다. 별이와 룡이를 비롯한 모두는 두 눈을 크게 뜨고 트리톤을 살폈다.

"뭐 얼음 화산 같은 것 말고는 별다른 게 없는데요?"

"별다른 게 없다고? 얼음 화산, 별이 네가 본 저 얼음 화산이 바로 별다른 거란다."

트리톤

트리톤에 있는 얼음 화산은 활동하고 있는 화산인데 뜨거운 용암이 나오는 것이 아니라 온도가 낮은 물질을 분출하는 화산이라고 한다. 그 물질이 바로 액체 질소인데, 액체 상태의 질소가 줄줄줄 흘러나오면 트리톤이 무척 추우니깐 나오자마자 곧바로 얼어붙는다. 보이저 2호를 폭풍 속에서 구해내기 위해 이 성질을 이용하자는 거였다.

"자, 눈깜짝군 트리톤을 두 손으로 잡아서 얼음 화산의 용암이 흐르는 방향을 해왕성의 폭풍 쪽으로 하게나. 이제 다음 일은 상상이 가지? 아하하하하하~ 난 역시 천재라니까."

모두들 삼촌의 기막힌 아이디어에 감탄을 금치 못했다. 눈깜짝씨는 정말 눈깜짝할 사이에 두 팔을 늘여 트리톤을 낚아챘다. 그리곤 삼촌의 말처럼 얼음 화산을 기울이자 액체 질소가 폭풍 회오리 쪽으로 쏟아졌다. 흘러내린 액체 질소는 곧바로 얼어붙었고, 폭풍도 순간적으로 모두 얼어붙었다. 좀 완벽하지 않은 점이라면 그 폭풍 속에 있던 보이저 2호도 함께 얼어붙었다는 거다.

기진맥진해진 눈깜짝씨를 잠시 쉬게 하고 보이저 1호는 보이저 2호를 얼음덩어리에서 떼어왔다. 보이저 2호의 온몸을 따뜻하게 하자 안정을 취한 보이저 2호가 눈을 떴다.

"형~ 미안해. 형 말을 안 듣고 혼자 제멋대로 행동했어. 걱정 많이 했지?"

보이저 2호는 눈물을 흘리면서 잘못을 뉘우쳤다.

"아냐, 내가 널 잘 돌보지 못해서야. 여기 있는 막내 눈깜짝씨가 널 구했어."

"막내라고? 정말이야? 나에게 동생이 있다는 거야?"

보이저 2호는 글썽거리는 눈으로 눈깜짝씨를 쳐다보았다. 눈깜짝씨는 제법 어른스러운 말투로 얘기했다.

"다행이야, 형! 나 형들이 너무 보고 싶었어. 엄마, 아빠도……."

눈깜짝씨의 가족 상봉은 정말이지 남북이산가족 만남만큼이나 눈물이 펑펑 쏟아지는 일이었다. 별이는 갑자기 지구에 계신 엄마와 아빠가 보고 싶어졌다.

그때였다.

눈깜짝씨의 전광판에 불이 들어왔다.

"앗, 드디어 혜성의 위치를 파악한 모양이야. 화성 근처에 있다는구나. 어서 돌아가야겠는데……. 눈깜짝군!"

눈깜짝씨는 서둘러 떠날 채비를 했다. 그런데 다른 때 같았으면 활기차게 움직였을 별이가 풀이 죽어있었다.

"별이야, 왜 그러니?"

"여긴 화성에서 너무 멀잖아요. 여기까지 오는데 꽤 많은 시간이 걸렸는데, 혜성이 지구로 가기 전에 우리가 먼저 혜성을 따라 잡을 수 있을까요?"

"아하하~ 걱정하지 마라, 별이야. 우리에겐 지금 눈깜짝씨와 보이저 1, 2호, 그리고 파이어니어 10호가 함께 있지 않니? 이미 말했었는데⋯⋯. 이 가족의 힘은 어마어마하단다. 이들이 힘을 합치면 눈깜짝씨는 지금까지 우리가 보지 못했던 속력을 내줄 거란다."

천체 삼촌의 말이 끝나자 눈깜짝씨의 가족들은 모두 기다렸다는 듯이 가슴 한가운데에 있는 시계를 12시로 맞추더니 서로의 손에 손을 맞잡았다. 그리곤 정말 순식간에 부르르 몸을 떨더니 출발 신호를 보냈다.

바다의 왕자! 포세이돈

푸른색이 시원한 느낌을 주는 해왕성은 영어로 넵튠(Neptune)이라고 합니다. 여러분 '바다의 신'이 누군지 아시죠? 네, 포세이돈[Poseidon, 로마에서는 넵투누스(Neptunus)]입니다.

포세이돈

그리스 신화에서 포세이돈은 제우스(목성)의 형으로, 크로노스와 레아의 아들입니다.

제우스가 아버지의 형제인 타이탄족과 전쟁을 할 때 포세이돈도 키클롭스로부터 받은 자신의 상징인 삼지창 트라이아나를 갖고 전쟁에 참여하였습니다. 전쟁이 끝난 후 제우스와 하데스, 포세이돈은 제비를 뽑아 자신들이 지배할 곳을 나누어 가졌는데 포세이돈은 바다를 다스리게 되었답니다.

포세이돈은 삼지창을 손에 쥐고 그가 만든 흰말이 끄는 수레를 타고서 바다를 달리는 모습으로 표현됩니다. 그는 바위를 부수어 지진을 일으키고 폭풍우를 지배했으며, 해안을 뒤흔들어 고요한 바다를 성나게 하기도 하였습니다. 강한 회오리바람을 불게 하여 땅과 하늘의 지배권까지 가지려했으며, 자신의 형제, 자매들과도 자주 싸웠습니다.

포세이돈은 거칠고 화를 잘 내며, 무서운 파괴력을 가진 신으로 표현됩니다.

포세이돈의 이런 모습에서도 알 수 있듯이 그는 올림포스의 신들 중에서도 가장 두려운 존재로 여겨지고 있습니다.

해왕성을 보면 맑고 투명한 청록색 빛으로 보이기 때문에 마치 푸른 바다를 보고 있다는 느낌이 들 정도이지요. 그래서 바다의 신에 해당하는 이름이 붙여졌나 봅니다. 지금도 해왕성에게는 '청록색의 진주' 라는 별명이 있습니다.

우리나라에서는 영어식 이름을 그대로 풀이하여 해왕성(海王星)이라고 부릅니다.

키클롭스 : 둥근 눈이라는 뜻으로, 이마에 눈 하나를 가지고 있다고 여겨지는 그리스 신화에 나오는 거인족입니다. 우라노스와 가이아는 티탄족 12명의 자녀 이외에 아르게스(Arges, 벼락, 빛), 브론테스(Brontes, 천둥), 스테로페스(Steropes, 번개)라는 세 명의 아들을 두었는데 이들을 키클롭스 3형제라고 합니다. 이들의 모습을 보면 눈은 이마에 한 개뿐이고 덩치는 크고 털이 많으며 멍청한 야수 같지만 물건을 잘 만드는 대장장이였다고 합니다. 키클롭스는 제우스의 하인이자 대장장이기도 했는데 제우스의 강력한 무기인 천둥벼락을 만들어 주었고, 포세이돈에게는 삼지창을, 하데스에게는 보이지 않게 하는 투명 모자를 만들어 주었답니다.

트리톤(Triton) : 포세이돈과 암피트리테의 아들로 머리와 상체는 사람이고

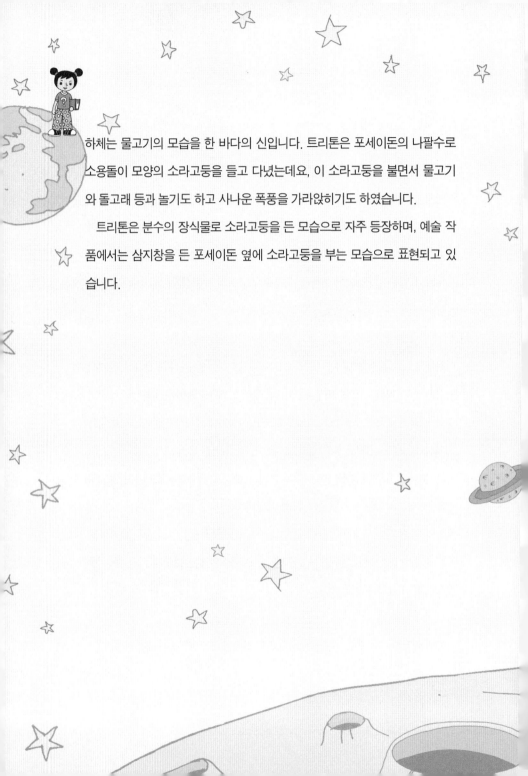

하체는 물고기의 모습을 한 바다의 신입니다. 트리톤은 포세이돈의 나팔수로 소용돌이 모양의 소라고둥을 들고 다녔는데요, 이 소라고둥을 불면서 물고기와 돌고래 등과 놀기도 하고 사나운 폭풍을 가라앉히기도 하였습니다.

트리톤은 분수의 장식물로 소라고둥을 든 모습으로 자주 등장하며, 예술 작품에서는 삼지창을 든 포세이돈 옆에 소라고둥을 부는 모습으로 표현되고 있습니다.

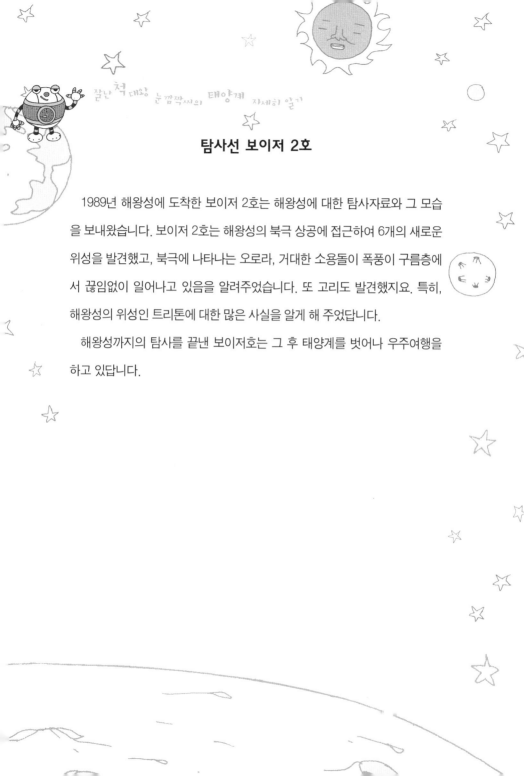

탐사선 보이저 2호

1989년 해왕성에 도착한 보이저 2호는 해왕성에 대한 탐사자료와 그 모습을 보내왔습니다. 보이저 2호는 해왕성의 북극 상공에 접근하여 6개의 새로운 위성을 발견했고, 북극에 나타나는 오로라, 거대한 소용돌이 폭풍이 구름층에서 끊임없이 일어나고 있음을 알려주었습니다. 또 고리도 발견했지요. 특히, 해왕성의 위성인 트리톤에 대한 많은 사실을 알게 해 주었답니다.

해왕성까지의 탐사를 끝낸 보이저호는 그 후 태양계를 벗어나 우주여행을 하고 있답니다.

모두 힘을 합쳐 지구를 구하다

지구를 여행할 때의 눈깜짝씨로 돌아와 있는 것 같았다. 정말 눈깜짝할 사이 일행은 화성 근처에 있었다.

"어! 저기요. 저기!!"

창밖을 내다보고 있던 별이는 기쁜 마음에 소리쳤다. 꼬리를 떼어버린 혜성이 점점 지구를 향해 전진하고 있었다. 드디어 찾아낸 거다.

"아니! 여보!"

파이어니어 10호가 소리쳤다. 파이어니어 10호가 여보라고 부른다면, 눈깜짝씨의 아빠? 눈깜짝씨에게 지구가 위험하다는 신호를 보낸 장본인 마리너 10호였다. 그랬다. 눈깜짝씨의 아빠인 마리너 10호는 제일 먼저 혜성이 지구를 향해 돌진하고 있다는 사실을 알게 되어 눈깜짝씨에게 신호를 보냈었다. 그리고 천체 박사 일행이 혜성을 찾을 때까지 혜성의 속도를 줄이고 감시하기 위해 줄곧 그 곁에 붙어 있었다. 정말이지 대단한 분이었다. 너무 감사한 마음에 저절로 고개가 숙여졌다.

"삼촌, 이제 지구를 구할 계획을 말씀해 주세요."

"사실 여러분들이 지금 이 자리에 있는 것은 우연이 아닙니다. 이 중대한 문제를 해결하기 위해서는 눈깜짝씨의 가족 모두의 힘과 우리 별이 그리고 룡이의 도움이 절실히 필요합니다. 자! 모두들 제 이야기를 잘 들어보세요. 제 계획은 이렇습니다."

삼촌은 모두를 모아놓고 평소 보이지 않았던 진지한 태도로 얘기를 시작했다. 지구를 향해 날아가고 있는 혜성은 어떤 힘인지 모르지만 그 힘에 의해서 태양 사이를 돌아야 하는 원래의 방향성을 잃어버렸다고 했다. 원래대로라면 일정 기간마다 태양계를 방문하는 천체여야 하는데 말이다. 그래서 삼촌은 눈깜짝씨 가족의 어마어마한 힘 중 하나인 원심력을 이용해서 혜성을 고향인 태양계 밖 저 멀리로 보내고자 한다고 했다.

"혜성의 고향이라고요?"

"그래. 원래 태양계 생성당시에 남아있던 원시물질인 돌조각이나 먼지들이 태양계를 빙 둘러싸면서 모여 있는 곳이 있는데 그곳을 '오르트 구름' 이라고 한단다. 이곳에 있는 물질들이 여러 가지 원인에 의해서 태양계로 들어오게 될 경우 혜성이 되는 거지."

"그럼 오르트 구름에 있는 혜성들은 숫자가 많은가요?"

"그럼. 혜성은 주로 아마추어 천문학자들에 의해 발견되는 경우가 많은데 현재까지 알려진 혜성만도 1,600여 개나 된단다. 사실 혜성 중에서 가장 유명하다고 하는 핼리 혜성은 1910년에 지구와

충돌할 뻔하기도 했고, 슈메이커-레비9 혜성은 1994년 목성과 충돌해서 세기의 우주쇼를 만들어내기도 했단다. 어쨌든 지금 우리가 할 일은 지구로 향하고 있는 혜성을 오르트 구름으로 보내는 일이란다."

"삼촌, 그럼 이제 어떻게 해야 하는 거죠?"

별이는 마음이 급해졌다. 마리너 10호가 온 힘을 다해 붙잡고 있던 혜성을 놓아버리자 혜성의 속력은 거침없이 빨라졌기 때문이다. 지구를 향해 돌진하고 있는 혜성을 바라보고 있자니 엄마, 아빠의 얼굴이 자꾸만 떠올랐다.

"자, 우선 눈깜짝군의 다섯 식구가 5개의 꼭지점을 가진 별을 만들어내야 합니다."

무슨 합체를 하는 것도 아니고 별을 만들어내다니……. 조금은 어이가 없었다. 천체 삼촌의 말대로 눈깜짝씨의 가족은 별모양을 만들었지만 아무런 일도 일어나지 않았다. 천체 삼촌은 뭔가 이상하다는 듯이 고개를 갸우뚱거렸다. 그러다가 곧 오류가 무엇인지를 찾아내었다.

"각 꼭지점까지의 거리가 일치하지 않았기 때문이야. 별이와 룡이야, 이제 너희들의 도움이 필요하단다."

천체 삼촌은 별이와 룡이에게 각각의 탐사선들 사이의 거리를 재도록 지시했다. 별이와 룡이는 삼촌이 특수 제작한 우주복의 힘을 빌어 한치의 오차도 없이 정확한 위치에 탐사선들을 자리하게 했다. 5개의 꼭지점을 가진 완벽한 별모양이 이루어지자 갑자기 광선이 뻗어나와 반짝거리는 예쁜 별모양이 되었다. 잠시 그렇게 빙글빙글, 반짝반짝 거리더니 광선은 일제히 혜성을 비추기 시작했다. 그러더니 혜성을 중심으로 하고 시계 방향으로 탐사선들이 빙그르르 돌기 시작했다. 눈깜짝씨 가족의 가슴에 있던 시계판도 함께 돌기 시작했다. 광선은 점점 강해졌고, 급기야 엄청난 빛을 뿜어내다가 갑자기 펑! 하는 소리와 함께 혜성이 높이 솟기 시작했다. 얼마나 솟았을까. 다시 원래의 위치로 내려오려고 하자 천체 삼촌은 소리쳤다.

"눈깜짝군, 이때야!"

삼촌의 외침과 동시에 눈깜짝씨는 손을 번쩍 들어 배구의 강 스파이크를 날리듯 혜성을 쳐냈다. 그러자 제자리로 돌아오려던 혜성은 우주 저 밖으로, 태양계 저 밖으로 끝없이 날아갔다.

잠시 동안 멍하게 혜성이 사라진 자리를 보고 있는 모두는 룡이가 뿜어내는 불꽃에 번쩍 정신이 들었다.

"우와~!!! 해낸 거예요. 대단해요!"

별이는 기쁜 마음에 소리쳤다. 그리고 모두 서로를 끌어안으며 기쁜 마음을 전했다. 룡이는 그동안 참았던 불을 마음껏 내뿜었다. 모두들 기뻐서 어쩔 줄을 몰랐다.

삼촌은 이 기쁜 소식을 지구로 전달했다. 그러자 눈깜짝씨의 스크린에 나으뜸 대통령이 직접 모습을 나타냈다.

"축하해요. 모두들 고맙소. 천체 박사와 별이와 룡이, 그리고 눈깜짝씨의 가족 모두에게 지구를 구해준 이 은혜를 어떻게 보답해야 할지 모르겠군요."

그러자 부실까말까 대통령이 끼어들었다.

"너무 감사해용! 오늘처럼 엄~ 눈물나게 기뻤던 날이 없었습니당~ 싸랑해요~ 여러분~."

"역시 한국 사람 대단하므니다. 우리 일본 사람 많이 보고 배워야겠스므니다. 존경하므니다."

스고이와따 일본 수상도 한마디 거들었다. 그리곤 고개를 깊이 숙여 인사했다. 별이는 삼촌을 비롯한 모두가 너무 자랑스러웠다. 그리고 무엇보다 지구에 계실 부모님이 보고싶었다. 별이의 마음을 알았는지 삼촌은 눈깜짝씨에게 지구로 돌아갈 준비를 하자고 했다. 눈깜짝씨는 고개를 끄떡였다.

"장~ 우리 모두 지구로 가자구용."

그러나 눈깜짝씨의 아빠와 엄마, 그리고 두 형은 고개를 저었다.

"잉? 왜용? 뭐 문제가 있나용?"

뜻밖의 반응에 눈깜짝씨가 놀라 물었다. 그러자 눈깜짝씨의 아빠 마리너 10호가 말했다.

"눈깜짝씨야. 우리는 지금 지구로 돌아갈 수 없단다. 우리에겐 이 우주에서 해야 할 일이 있어. 네가 지구에서 천체 박사님과 함께 해야 할 일이 있듯이 말이다."

마리너 10호는 눈깜짝씨의 어깨를 두드렸다.

"하지만 전 아빠, 엄마, 그리고 두 형을 만난지 얼마 안 되었다고용. 전 가족이 필요해용. 며칠만이라도 저와 함께 계세용. 네엥?"

엄마 파이어니어 10호는 눈깜짝씨를 꼭 껴안았다.

"아들아, 우리가 몸이 떨어져 있다고 가족이 아닌 건 아니지 않니? 이제 서로가 어디서 무엇을 하는지를 잘 알았으니깐 서로 자주 연락하고 지내면 되는 거야. 서로의 안부를 궁금해 하고 늘 마음속으로 생각하고 잘되길 기원해 주면 그것만으로도 서로에게 힘이 되는 거란다. 너무 섭섭하게 생각하지 마렴."

"그래, 눈깜짝씨야. 이 형은 너 같은 동생이 있다는 게 너무 자랑스럽단다."

보이저 1, 2호는 눈깜짝씨에게 윙크를 하면서 말했다. 눈깜짝씨는 아쉬운 마음을 어찌 달랠지 몰랐지만 가족의 마음을 읽었기 때문에 좋은 얼굴로 웃으면서 헤어질 수 있었다.

"아빠, 엄마, 두 형! 모두들 어디서 무엇을 하고 있는지 자주자주 연락해 줘야 해용! 그리고 혹시라도 어려운 일이 생기면 꼭 연락해야 해용! 알았죵?"

눈깜짝씨의 가족은 오랫동안 포옹을 한 후 작별인사를 했다. 눈깜짝씨 못지않게 별이와 룡이도 섭섭한 마음을 감출 수가 없었다. 어려운 일을 함께 겪고 나니 더 정이 들었던 모양이다.

"자! 그럼 지구로 돌아가볼까?"

천체 삼촌의 말에 눈깜짝씨는 다시 한 번 가족을 보고 씩 웃고는 윙~ 하는 시동을 걸었다. 그리고 눈깜짝할 사이에 지구로 돌아왔다.

혜성

여러분이 만약 밤하늘에서 커다란 불덩이가 긴 꼬리를 만들며 떨어지는 모습을 본다면 어떻겠습니까? 네, 무섭겠지요. 과학이 발달한 현대의 우리가 봐도 밤하늘의 그러한 광경은 무섭고 두려운데 옛날 사람들은 그러한 광경을 보고 어땠을까요? 옛날 사람들도 혜성을 보았냐고요? 당연하지요. 그때라고 하늘이 없었겠습니까? 눈이 없었겠습니까?

실제로 혜성에 대한 관측기록은 기원전 3000년경까지 거슬러 올라갑니다. 우리나라도 약 2천 년 전부터 혜성을 관측한 기록이 남아있습니다.

그 당시 사람들은 혜성을 '죽음의 별', '꼬리 별', '공포의 별'이라고 불렀는데 혜성이 나타나면 전쟁, 돌림병, 왕의 죽음, 국가의 멸망, 대지진, 굶주림 등이 나타날 것이라는 미신 때문에 혜성을 공포의 대상으로 여겨왔습니다.

셀리쿰이라는 루터파 교회 주교는 '혜성은 인간의 죄가 뭉쳐진 것'이라고 했는데 이에 대해서 "만일 혜성이 죄의 연기라면 하늘은 쉴 새 없이 불타고 있을 게 아닌가?"라고 반론하는 사람들도 있었다고 합니다. 모든 것을 혜성 탓으로 돌리다니. 쯧쯧쯧. 혜성이 무슨 죄가 있다고…….

자, 그렇다면 혜성은 정말 불행을 몰고 오는 천체일까요? 혜성의 정체가 정말 궁금해지는군요.

혜성 , 너의 정체를 밝혀랏!

혜성은 영어로 '카미트(Comet)' 라고 하는데요, 그리스어로 '긴 머리털의' 라는 뜻에서 유래되었습니다. 그리스인들은 꼬리가 길게 발달한 혜성에서 긴 머리털을 휘날리는 모습을 생각했나 봅니다.

혜성은 일정한 기간마다 태양계를 방문하는 천체입니다. 혜성은 돌과 먼지 섞인 눈덩으로 이루어져 있는데요, 태양에 가까이 오면 눈덩이가 녹아 수증기 가 되고 이때 눈덩이 속에 갇혀있던 여러 먼지들이 수증기와 함께 뿜어져 나오 면서 멋진 꼬리가 나타나게 된답니다. 혜성은 태양으로부터 멀리 있을 때는 얼 음 눈덩으로 이루어진 핵만 보이지만 점차 태양에 가까워지면서 햇빛의 압력 과 태양의 에너지 흐름 때문에 태양 반대편으로 생긴 꼬리가 보이게 됩니다. 꼬리는 자세히 보면 두 개인데 곧은 것과 구부러진 것이 있습니다. 곧은 꼬리 는 가스로 된 것으로 자신의 힘으로 빛을 내고, 굵고 구부러진 꼬리는 먼지로 된 것으로 햇빛을 받아 빛나고 있습니다. 결국 혜성의 꼬리는 자기 몸을 태워 서 만든 결과이지요. 그렇다면 혜성은 태양에 가까이 올 때 마다 크기가 작아 지겠군요? 그래요. 계속해서 작아져 눈덩이가 다 녹아버리면 혜성은 결국 돌 덩어리만 남게 되겠지요. 꼬리가 없어진 혜성, 그래도 혜성은 태양계 사이를 계속 돈답니다.

핼리 혜성

핼리 혜성은 마치 하나의 상표처럼 많은 사람들에게 알려져 있는데, 이처럼 친숙한 것은 태양계에 자주 방문하기 때문이겠지요.

1682년에 나타난 혜성의 궤도를 자세히 관찰한 영국의 핼리(Edmund Halley, 1656~1742)는 이 혜성이 1531년과 1607년에 나타났던 혜성과 같은 혜성이라고 밝히면서 이 혜성은 1758년에 다시 돌아올 것이라고 예언했습니다. 이 혜성은 그의 예언대로 1758년 크리스마스 날 밤에 아름다운 모습을 나타내며 돌아왔고 후대 사람들은 그의 업적을 기념하기 위해 이 혜성을 핼리 혜성이라 부르게 되었지요.

핼리의 연구에 의해 혜성 중에도 행성처럼 태양 주위를 돌면서 주기 운동을 하고 있다는 것을 처음으로 알게 되었답니다.

핼리 혜성에 대한 관측기록은 과거로 거슬러 올라갑니다.

가장 오래된 기록은 1057년 중국에서 보았다는 기록이 있고, 우리나라에도 1759년에 나타난 혜성을 29일 동안이나 관측했다는 기록이 있습니다.

1910년에 나타났을 때는 지구와 충돌할 것이라는 소문이 있어 많은 사람들을 두

핼리 혜성

려움에 떨게 하기도 했습니다. 다행히 혜성이 지구와 충돌하지는 않았지만 지구가 혜성의 꼬리 부분에 들어갔었습니다. 1986년 4월 11일에 핼리 혜성이 지구에 접근했을 때는 미국, 소련, 유럽, 일본의 과학자들이 팀을 이루어 대대적인 환영 행사를 준비했었는데, 유럽에서 쏘아 올린 지오토 우주선이 촬영한 사진에서 핼리 혜성의 핵은 검은 색의 땅콩 모양으로 되어 있다는 것을 알 수 있었습니다.

1986년에 나타난 핼리 혜성은 이미 어두워서 망원경으로 보아야 관측이 가능했다고 하는데요, 세월이 흐르면서 혜성도 늙어가나 봐요. 2061년쯤에 다시 지구를 찾아올 핼리 혜성, 그땐 어떤 모습을 우리에게 보여줄 지 무척 궁금합니다.

슈메이커-레비9 혜성

슈메이커-레비9(숫자 '9'는 이들이 공동으로 발견한 9번째 혜성이란 뜻) 혜성은 1993년 3월 24일 미국의 혜성전문가 유진-캐롤라인 슈메이커 와 데이비드 레비에 의해 발견되었어요.

발견당시 이 혜성은 다른 혜성들처럼 태양 주위를 도는 것이 아니라 목성의 주위를 돌고 있었는데요, 혜성이 목성 주위를 도는 것을 보니 정말 아슬아슬했답니다. 무슨 얘기냐고요? 이 혜성은 목성 주위를 너무 가까이 돌고 있었기 때문에 거의 충돌할 것이 예상되었거든요. 혜성이 태양이나 행성에 접근하면 태양이나 행성이 잡아당기는 힘에 의해 핵이 깨지게 됩니다. 핵이 쪼개지면 혜성은 본래의 속도와 움직이는 경로가 변하게 되어 태양이나 행성에 충돌하게 되지요. 예상대로 혜성이 목성에 점점 가까워짐에 따라 목성이 잡아당기는 힘 때문에 작은 조각으로 깨졌는데 마치 엄마오리 뒤를 졸졸졸 따르는 새끼오리들처럼 목성 주위에 쭉 늘어서 있는 모습이 관측되었답니다.

그리고 1994년 7월 14일 21개로 조각난 슈메이커-레비 혜성은 목성과의 충돌을 시작했고 이 충돌 장면은 보는 이의 감탄을 자아내게 만든 세기의 우주쇼였답니다. 각각의 조각들은 목성의 표면에 여러 가지 흔적을 남겼답니다. 이런 걸 영광의 상처라고 해야 할지…….

목성과의 충돌로 여러 사람들의 관심을 모았던 슈메이커-레비 혜성은 사람들에게 혜성의 존재를 새롭게 인식시켜 주었고, 천체의 충돌이 실제적으로 일어난다는 것을 보여주는 사건이었지요. 이를 통해 옛날에 지구에도 그와 같은 충돌이 일어났었고 앞으로도 일어날 수 있다는 것을 알려주는 계기가 되었답니다.

헤일-밥 혜성

1995년 7월22일 알란 헤일과 토마스 밥이라는 미국의 아마추어 천문가들에 의해 발견된 혜성으로 핵의 지름이 40킬로미터(핼리 혜성 15킬로미터)나 되는 아주 큰 혜성입니다.

이 혜성은 1997년 3월 22일 지구에 가장 가까이 다가왔는데, 이때 헤일-밥은 지구로부터 1억 9천만 킬로미터 떨어진 곳을 통과했습니다. 그렇다면, 이 혜성은 지구와 충돌했을까요? 우리들이 이렇게 멀쩡히 살아있는 것을 보면 그렇지는 않았네요. 헤일-밥 혜성은 지구가 공전하면서 지나가는 그 어떤 지점도 통과하진 않았

헤일-밥 혜성

답니다. 그 당시에 미국에서는 헤일-밥 혜성이 지구와 충돌할 것이라는 소문이 있었는데 결국은 헛소문임이 밝혀졌답니다.

맨눈으로도 관측될 수 있을 정도로 밝게 빛나며 1997년의 하늘을 화려하게 장식했던 헤일-밥 혜성은 사람들의 기억 속에 오래 남을 혜성입니다. 헤일-밥 혜성은 한반도에서 고조선의 역사가 시작할 무렵 왔다가 이번에 다시 왔고 2380년 후에나 다시 지구를 방문하게 될 텐데요. 그때 우리의 지구는 어떤 모습을 하고 있는지 무척 궁금하군요. 그때도 혜성을 이용해 한 밑천 잡으려는 사람들이 있을는지……. 타임머신이라도 있으면 미래의 지구를 가볼 텐데 말이죠.

이케야-세키 혜성

혜성 중에는 아무 생각없이 태양에 아주 가깝게 접근하는 그야말로 태양 앞

으로 돌격! 하는 혜성들도 더러 있습니다. 이러한 혜성을 선그레이저 혜성이라고 합니다. 지금까지 이러한 혜성은 10여 개 정도 발견되었는데 그 중에서도 1965년에 일본인 이케야-세키에 의해서 발견된 혜성이 가장 유명합니다. 그 당시 이 혜성은 태양을 거의 스쳐 지나가다시피 했는데, 보름달보다 더 밝았으며 태양에 가까이 다가갔을 때는 태양이 떠있는 대낮에도 그 모습을 볼 수 있었다고 합니다. 여기까진 좋았는데…… 이 혜성은 태양에 너무 가까이 다가간 결과 어떻게 되었는 줄 아세요? 네, 비참한 최후를 맞고 말았답니다. 그만 태양의 인력으로 산산조각이 나버렸지요. 결과를 생각하지 않은 무모한 시도였다고 생각됩니다.

천문학자들에 의하면 혜성은 소행성, 운석과 함께 원시 태양계의 물질을 가장 잘 보존하고 있는 천체라고 합니다. 어둡고 차가운 우주 공간 어딘가에 있다가 우연한 이유로 태양계로 끌려들어온 이 천체는 46억 년 전 태양계의 행성들을 만들어준 초기물질에 대한 정보를 우리에게 알려주는 귀중한 천체라고 할 수 있지요. 아! 그래서 혜성을 탐사하는군요.

이케야-세키
혜성

혜성은 충분히 밝다면 밤하늘에서 맨눈이나 쌍안경으로도 관측이 가능합니다. 혜성은 별똥별처럼 잠깐 나타났다 사라지는 것이 아니고 보통 몇 주 동안 관측할 수 있으며 하루에 몇

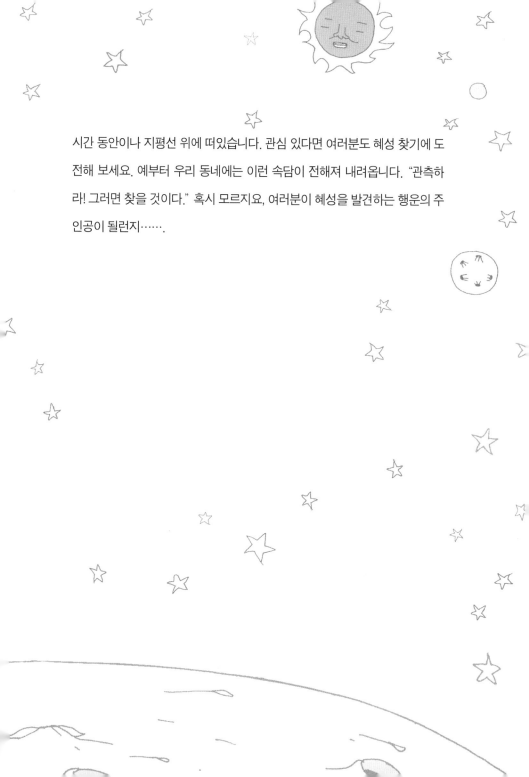

시간 동안이나 지평선 위에 떠있습니다. 관심 있다면 여러분도 혜성 찾기에 도
전해 보세요. 예부터 우리 동네에는 이런 속담이 전해져 내려옵니다. "관측하
라! 그러면 찾을 것이다." 혹시 모르지요, 여러분이 혜성을 발견하는 행운의 주
인공이 될런지…….

명왕성

지구로 돌아온 눈깜짝씨,
명왕성은 내가 탐험할 거야

긴 기간 동안의 여행은 아니었지만 짧은 탐험기간 동안 큰일을 겪다보니 별이는 지구로 돌아와서 며칠 동안은 거의 밥 먹고 잠자고 또 밥 먹고 잠자고를 반복했다. 일주일 만에 정신을 차린 별이는 오랜만에 천체 삼촌의 연구실을 찾아갔다. 천체 삼촌의 연구실은 조용했다. 삼촌은 아직 해결하지 못한 소 트림 방지를 위한 연구를 계속하고 있었다. 물론, 더부룩 삼촌이 천체 삼촌의 실험대상으로 연구실에 와 있었다. 역시나 소 탈을 쓰고서…….

"롱이야. 눈깜짝씨는 어디 있어?"

별이는 아무리 찾아봐도 눈깜짝씨가 보이지 않자 롱이에게 물어보았다. 룡이는 잘 모른다는 뜻으로 어깨 짓을 했다. 그때였다. 연구실 문이 벌컥 열리더니 눈깜짝씨가 뛰어들어왔다.

"모두들 모여봐용. 우주에서 다시 날아온 메시지라구용!"

"뭐? 우주에서 날아온 메시지라고?"

이번엔 또 무슨 일이 일어난 걸까? 일주일밖에 지나지 않았는데……. 별이와 룡이, 그리고 천체 삼촌은 눈깜짝씨가 비추는 스크린을 쳐다보았다. 소 탈을 뒤집어쓴 더부룩 삼촌도 궁금증을 견디지 못하고 스크린 앞에 앉았다.

스크린에는 꽤 깜찍하게 생긴 탐사선 하나가 떠 있었다.

"아아! 들리십니까? 안녕하세요. 처음 뵙겠습니다. 전 인류 최초로 명왕성을 탐사하게 된 '뉴호라이즌스' 호입니다. 2006년 1월 19일 미국 플로리다 케이프 커내버럴에서 발사되었지요. 저는 9년 반 동안 50억 킬로미터를 날아서 명왕성 궤도에 진입한 후 명왕성과 위

명왕성

성에 대한 다양한 정보를 여러분께 알려드릴 겁니다. 태양계가 워낙 넓어서 명왕성까지 가는데 오랜 시간이 걸리므로 명왕성에 대한 자세한 정보를 알고 싶으시다면 인내심을 가지고 기다려 주세요. 단 하나, 여러분이 잠시 잊

고 있는 동안에도 명왕성을 탐사하기 위한 저, 뉴호라이즌스호의
여정을 계속 되고 있다는 사실만은 기억해 주시길 바랍니다."

　자신을 뉴호라이즌스호라고 소개한 탐사선은 윙크를 날리면서
사라졌다. 스크린이 사라지자 멍하니 보고있던 눈깜짝씨는 다짜고
짜 천체 삼촌에게 달려들었다.

　"박사님! 명왕성이 뭐예용?"

　"응? 그게 무슨 말이야?"

　"말 그대로예용! 명왕성이 도대체 뭐냐고용!"

　"명왕성은 태양계의 마지막 행성으로 지구와 태양 사이 거리의
40배 정도 되는 곳에 있는 행성이지."

　"아니, 그런 얘기를 왜 이제야 하는 거죵?"

　눈깜짝씨는 흥분한 목소리로 삼촌에게 따졌다. 눈깜짝씨는 해왕
성이 태양계의 가장 마지막 행성인줄로만 알고 두말없이 지구로
되돌아왔다. 아직 탐험선이 가지 않은 미지의 태양계 행성이 있을
줄은 상상조차 하지 못했던 것이다. 다른 가족들과 마찬가지로 탐
험가의 꿈을 꾸던 눈깜짝씨였기에 저 이름도 이상한 뉴호라이즌스
호 대신 자신이 명왕성을 먼저 탐사해야 한다면서 자기 방으로 들
어가 짐을 꾸리기 시작했다. 천체 삼촌과 별이, 그리고 룡이는 그

런 눈깜짝씨의 모습이 너무 우스워서 그만 한바탕 웃고 말았다. 함께 있던 더부룩 삼촌은 무슨 영문인지 몰라 고개만 갸우뚱거렸다.

과연 뉴호라이즌스호보다 먼저 우리의 눈깜짝씨가 명왕성에 도착해서 명왕성의 비밀을 풀어줄 수 있을까? 지구에 남아있는 우리들은 우주로부터 오는 메시지에 귀를 기울여 보도록 하자.

우하하하, 나는 지옥의 왕이다

태양계의 막내둥이 명왕성은 영어로 플루토(Pluto)라고 합니다. 그리스 신화에서 '지옥의 신' 또는 '죽음의 신' 인 하데스[Hades, 로마식 플루토(Pluto)]에서 따온 이름이지요.

하데스는 포세이돈과 제우스의 형으로 크로노스와 레아 사이에서 태어난 첫째 아들입니다. 제우스가 아버지의 형제들인 타이탄족과 전쟁을 할 때 하데스도 외눈박이 거인 키클롭스로부터 투명인간이 되게 하는 황금투구를 받고 전쟁에 참여하였습니다. 전쟁이 끝난 후 제우스와 하데스, 포세이돈은 제비를 뽑아 자신들이 지배할 곳을 나누어 가졌는데요. 이때 하데스는 죽은 사람들이 사는 저승의 세계를 다스리게 되었답니다.

하데스가 다스리는 지하 왕국의 이름은 '타르타로스' 라고 합니다. 이곳은 망치를 던지면 열흘 동안이나 떨어지는 땅속 아주 깊은 곳에 있고 그 주위에는 검은 강이 감싸며 흐르고 있는 곳입니다. 타르타로스로 들어가는 문은 머리가 3개이며 뱀 꼬리를 갖고 있고 목 주위에는 살아서 꿈틀거리는 여러 마리의 뱀이 달려 있는 '케르베로스' 라는 개가 지키고 있는데 살아있는 사람은 쫓아내고 죽은 사람들만 들여보낸다고 합니다.

하데스

하데스는 무서운 표정으로 질투가 심하고 냉정한 신인 반면, 변화를 싫어하며 조용한 성격이라 아내를 얻을 때를 제외하고는 지상에 거의 올라가지 않았으며, 자신의 지하궁전에서 지내는 것을 좋아하였습니다.

또한 하데스는 그리스어로 '재물'을 뜻하는 플루토스라고 불리기도 합니다.

플루토스 : 그리스어로 '재물' 또는 '넉넉하게 하는 자'라는 뜻으로 곡식을 여물게 하여 풍요로움을 가져다주고, 지하의 여러 가지 자원을 관리하는 신입니다.

사람들은 저승의 신 하데스의 이름을 직접 부르는 것을 불길하게 여겨 별명을 사용하였는데, 땅에 심은 곡식을 잘 여물게 하여 풍요로움을 가져다준다는 뜻에서 플루토스라고 불렀다고도 합니다. 저승은 어둡고 음침한 곳이지만 한편으로는 저승이 있는 땅이 우리에게 재물과 풍요로움을 가져다 준다는 점에서 고대 그리스인들은 저승의 신에게서 긍정적인 면도 생각한 듯합니다. 이 플루토스는 예술 작품에서 풍요를 상징하는 뿔을 든 어린아이로 표현됩니다.

오늘날 원자폭탄과 원자력발전소의 연료로 사용되는 '플루토늄'이라는 자원의 이름은 태양계의 행성인 명왕성(Pluto)의 이름을 따서 플루토늄이라고 지어진 것이라고 합니다.

그렇다면 우라늄과 넵투늄이라는 원소는 어떨까요? 네, 이 원소들은 각각 천왕성(우라누스, Uranus), 해왕성(넵튠, Neptune)의 이름을 따서 지은 것이라

고 합니다.

　원래 하데스는 '눈에 보이지 않는다' 는 뜻을 지니고 있습니다. 명왕성이 너무 작고 멀리 있어 잘 보이지 않아 발견에 어려움이 많았고 발견되었을 당시 예상 밖으로 어두웠다는 점에서 이와 같은 이름이 지어진 것으로 알려져 있습니다. 실제로 명왕성은 지구에서 너무 멀고, 어둡고 추운 곳입니다. 아무도 가보지 못한 저승의 세계는 정말 어둡고 추운 세계일까요?

　우리나라에서는 영어식 이름을 그대로 풀이하여 명왕성(冥王星)이라고 부릅니다.

　카론 : 죽은 사람이 저승인 하데스의 나라로 가기 위해서는 여러 개의 강을 건너야하는데요, 카론은 그 강의 하나인 스틱스 강의 뱃사공입니다. 그는 지저분하고 초라하며 신경질적이었으나 기세가 당당한 노인이었습니다. 그는 배를 타는 사람에게 동전 한 닢의 배 삯을 요구했는데요, 이 때문에 고대 그리스에서는 죽은 자를 묻을 때 배 삯으로 입 속에 동전을 넣어 매장하는 풍습이 생겼다고 합니다.

뱃사공
카론

막내둥이 명왕성

　지금까지 태양계 여행하시느라 힘드셨죠? 태양계의 마지막 행성까지 오시
느라 수고 많으셨네요. 이제 여기는 태양계의 마지막 행성 명왕성입니다.

　명왕성은 지구로부터 아주 먼 곳에 있습니다. 어느 정도냐 하면 지구와 태양
사이 거리에 거의 40배 정도 되는 곳입니다. 명왕성은 여기서 카론이라는 친
구를 데리고 아주 천천히 태양 주위를 돌고 있답니다. 아주 멀리 어두운 곳에
서 돌고 있기 때문에 외롭고 쓸쓸해 보이지만 카론과 명왕성은 항상 서로 마주
보고 돌면서 외로움을 달래고 있답니다.

　명왕성은 태양계 행성 중에서 가장 작아요. 태양을 농구공에 비유하면 명왕
성은 좁쌀이라고 할 수 있죠. 그래서 때로는 행성으로 인정도 못 받고 해왕성
의 보호 아래 있다가 떨어져 나간 불량 위성으로 취급받기도 했답니다.

　지금까지 큰 행성들 보다가 막내둥이 명왕성을 보니 너무 귀엽죠? 큰 행성
들에 도착해서는 착륙할 곳 없어 헤매셨죠? 그런데 여기서는 표면이 메탄 얼
음과 암석으로 이루어져 있기 때문에 착륙할 수 있답니다. 명왕성은 크기와 질
량이 작기 때문에 잡아당기는 힘이 아주 약해요. 그래서 아마 여러분들이 명왕
성에 간다면 착륙선 바닥에 붙일 초강력 접착제를 가져가야 할 겁니다. 안 그
러면 바람만 불어도 날아가 버릴지도 모른다고요.

명왕성은 지구상의 어떤 망원경을 가지고도 아주 작은 점 이상으로 밖에는 볼 수 없답니다. 따라서 하늘에서 명왕성 보기가 힘들답니다. 그래서 그런지 알려진 것이 별로 없어요. 또한 이 행성을 둘러싼 추측이 너무 많은 것 같네요. 아직까지 명왕성을 방문한 탐사선은 없거든요. 명왕성이 정말 섭섭하겠네요. 명왕성을 방문한 탐사선이 없기 때문에 명왕성과 카론은 아직도 신비에 싸여 있다고 할 수 있지요.

명왕성 발견이야기

천문학자들은 해왕성이 발견된 이후에도 여전히 천왕성의 움직임이 이상한 것을 보고 해왕성의 영향만 갖고는 해결할 수 없는 또 다른 천체의 힘이 작용하고 있을 것이라고 예측하고는 해왕성 바깥쪽에 새로운 행성이 있을 것이라는 생각을 하였습니다.

여러 학자들이 새로운 행성에 대해 관심을 갖고 행성 찾기에 노력을 많이 했는데요. 그 중에서도 미국의 로웰은 새로운 행성을 찾는데 일생을 바친 사람입니다. 1905년부터 미국의 로웰은 해왕성 너머에 새로운 행성이 있을 것이라는 확신을 가지고 열심히 찾았으나 안타깝게도 끝내 발견하지는 못했답니다.

그 후 새로운 행성을 찾는 일은 로웰의 제자인 클라이드 톰보에게 맡겨졌습니다. 톰보는 하늘에서 명왕성이 지나갈 만한 경로를 모두 사진으로 찍은 후 그 사진 속에서 움직임이 나타나는 행성을 찾았는데 아주 느리게 움직이는 명

왕성을 사진 속에서 찾기란 쉬운 일이 아니었겠지요. 200만 개 이상의 별을 조사했을 때, 1930년 2월 18일 드디어 여러 장의 사진들 속에서 움직임이 나타나는 희미한 천체를 발견하게 되었는데 그게 바로 명왕성이었답니다. 그러나 발견된 명왕성은 로웰이 예상한 것보다 크기와 질량이 너무 작았답니다. 실제로 명왕성은 크기와 질량으로는 천왕성에 영향을 줄 만한 힘이 없다고 합니다. 그러니 톰보가 명왕성을 발견한 것은 행운이었지요. 하지만 그 행운은 노력하는 자의 것이라는 것쯤은 여러분들도 알고 있을 겁니다.

느림보 행성!

명왕성은 행성 중에서 태양 주위를 가장 천천히 돕니다. 태양을 한 바퀴 돌아오는데 걸리는 시간은 약 247년인데 1930년 명왕성이 발견된 이후 지금까지 태양 주위를 4분의 1밖에 돌지 못했답니다. 지구가 명왕성을 보고 출발합니다. 지구가 태양 주위를 한 바퀴 돌고 왔을 때 1년 전과 거의 같은 장소에서 명왕성을 또 보게 되는군요.

제가 항상 꼴찌는 아니라고요

명왕성이 태양 주위를 도는 길은 다른 행성들이 태양 주위를 도는 길의 면보다 17도 정도 기울어져 있고, 아주 많이 찌그러진 길쭉한 타원형의 모양을 돌고 있기 때문에 가끔 해왕성보다 태양에 더 가까워 질 때가 있어요. 어떤 때는 해왕성의 가는 길을 침범하기도 한답니다.

그러나 두 행성 모두 태양으로부터 같은 거리에 있어도 기울기가 다른 면을 공전하기 때문에 한 행성은 다른 행성보다 아래쪽에 있어 충돌할 확률은 적답니다.

명왕성은 공전주기인 247년 동안 20년 정도는 해왕성보다 태양에 더 가까이 있습니다.

1979년부터 1999년 동안은 명왕성이 해왕성보다 지구에 더 가까이 있었답니다.

명왕성의 위성 카론

카론은 크기가 명왕성의 반 정도나 되는 비교적 큰 위성이랍니다. 명왕성에서 불과 2만 킬로미터 정도 떨어져 돌고 있으므로 지구에서 보면 거의 하나로 보이기 때문에 1978년에 와서야 발견된 위성이랍니다.

명왕성과 카론은 항상 마주 보면서 살아간답니다.

카론은 명왕성의 주위를 한 바퀴 도는데 걸리는 시간과 자전하는데 걸리는 시간이 같기 때문에 마치 지구의 달처럼 명왕성에 항상 같은 면만 보여준답니다. 거기다가 카론의 자전

카론

주기와 명왕성의 자전 주기는 같기 때문에 명왕성에서 카론을 본다면 항상 제 자리에 있는 것처럼 보이지요. 즉, 카론이 뜨고 지는 일이 없이 계속 같은 자리를 지킨다는 것이지요.

지구에서 보이는 북극성처럼 말이죠.

우주 세계를 꿈꾸며

우주를 향한 인류의 발걸음

지구에 살고 있는 우리들은 우주에 대한 호기심으로 가득 차 있습니다. 우주에 대한 호기심은 우리들을 우주로 나아가게 하고 있으며, 그런 우리에게 우주는 항상 초대의 문을 열어놓고 기다리고 있습니다.

우주에 대한 탐사는 1957년의 인공위성 발사로부터 시작되어 가장 가까이 있는 달 탐사에서부터 지구 안쪽에 있는 수성, 금성, 지구 바깥쪽에 있는 행성들, 혜성, 태양 등을 탐사해 왔습니다.

아폴로계획에 의한 달 탐사로 인간은 1969년에 처음으로 지구 밖의 천체를 방문하였고 그 후로 계속된 아폴로 계획에 의해 지금까지 5번의 달 탐사가 있었으며, 12명의 우주 비행사가 달을 방문하였습니다.

행성에 대한 탐사는 주로 미국과 러시아에 의해 이루어져왔는데요. 수성과 금성, 화성을 탐사한 우주선으로는 마리너, 파이어니어, 갈릴레이, 바이킹, 마스, 베네라호 등이 있습니다.

지구 바깥쪽에 있는 행성들에 대한 탐사는 주로 파이어니어, 보이저(1, 2호), 갈릴레이, 카시니호 등에 의해 이루어졌습니다. 특히, 보이저 1, 2호는 외태양계의 행성에 대한 정보를 가장 많이 알려준 탐사선입니다. 목성, 토성, 천왕성, 해왕성에 대한 탐사를 마친 보이저 1, 2호는 현재 태양계를 벗어나 우주공간을 여행하고 있습니다. 이 두 우주선에는 여행 도중 만나게 될지도 모르는 미지의 세계에 대한 배려로 외계인에게 지구인의 존재를 알리기 위해서 인간의 모습을 그린 그림과 수학공식, 현악사중주 소리, 아기가 태어날 때 울음소리, 인간의 목소리를 녹음한 지름 30센티미터의 구리로 된 동그란 레코드판이 실려 있습니다. 이 레코드에는 우리나라 말도 녹음되어 있는데요, 여성의 목소리로 된 "안녕하세요."라는 말이라고 합니다. 두 탐사선은 연료가 다하는 2020년까지 탐사를 계속하게 되는데 그때쯤이면 보이저 1호는 지구와 태양 거리의 약 150배에 달하는 위치에 있게 된다고 합니다.

이 밖에도 태양계 내에 있는 태양, 혜성, 소행성 등에 대한 탐사도 꾸준히 진행되고 있습니다. 앞으로도 인류는 우주 탐사에 대한 노력을 게을리 하지 않을 것입니다.

우주정거장

우주정거장은 지구 근처의 우주공간에다가 만들어 놓은 큰 우주 건물인데요, 인간이 일정 기간 동안 생활하면서 여러 가지 우주 환경에서의 실험이나 천체관측 등을 하는 장소를 말합니다.

인류가 만든 최초의 우주정거장은 1971년에 옛 소련에서 띄운 살류트입니다. 이 최초의 우주정거장에서는 인간이 오랫동안 우주 공간에서 적응할 수 있음을 보여주었습니다.

미국이 발사한 우주정거장으로는 1973년에 발사한 스카이랩이 있습니다. 이곳에서는 지구에서 잡아당기는 힘이 느껴지지 않아 둥둥 떠다니는 우주환경에서 인간 활동에 대한 각종 실험을 하였습니다.

사람들에게 많이 알려진 우주정거장으로는 1986년에 발사된 러시아의 미르('평화'와 '세계'라는 뜻) 우주정거장이 있습니다. 원래 5년 동안 이용할 목적으로 발사된 미르호는 15년 동안 우주공간에 머물면서 지구를 8만6천 320바퀴 회전하였고 러시아 국내외의 많은 우주비행사들이 다녀갔으며, 1989년 9월부터 1999년 8월까지

우주비행사들이 상주하면서 희귀 물질 생산에서부터 오랜동안의 우주비행에서 중력이 인체에 미치는 영향 연구에 이르기까지 2만 3천여 건의 과학적 실험을 했다고 합니다.

러시아의
미르
우주정거장

아무튼 미르호의 가장 큰 업적은 사람과 사람이 만든 구조물이 우주공간에서 오래도록 머물 수 있다는 것이 가능하다는 것을 보여준 것입니다. 미르호는 많은 과학적 임무를 마치고 2001년 3월 23일 폐기되었습니다.

비록 미르호는 사라졌지만 미르호를 대신할 우주정거장으로는 미국, 러시아 등 세계 16개국이 함께 만든 국제우주정거장(ISS, International Space Station)이 있습니다.

국제우주정거장은 국제공항이나 마찬가지로 어느 나라의 우주비행선이라도 이착륙할 수 있는 우주공항입니다. 현재 이 우주정거장에는 상주요원들이 배치되어 있는데요, 현재 ISS에서는 다양한 과학실험 및 우주관측 등이 진행되고 있으며 더 나아가서는 달과 화성에 세워질 유인기지와 지구를 연결하는 우주기지의 역할을 담당하게 될 것이라고 합니다. ISS는 고도 약 350킬로미터 상공에서 90분을 주기로 지구 주위를 돌며 인류의 우주개발을 위한 꿈을 이루어줄 장소로 사용될 예정입니다. 우주정거장이 실용화되면 이제 멀지 않은 미래에는 우주왕복선을 타고 달나라나 화성 등에 수학여행을 가고, 우주공간 여러 곳을 돌아다니는 우주 관광도 가능해 지겠지요.

그런데 우주정거장을 비롯한 우주개발 사업의 미래가 반드시 밝은 것만은 아니랍니다. 우주개발 사업은 아주 많은 돈이 드는 일입니다. 잘사는 나라들은 우주정거장을 만들어 놓고 운영하고 있지만 우주정거장이 한 여러 가지 일들이 아직까지 인류의 발전에 커다란 도움을 준 것이 없기에 우주정거장 사업에 대한 일반인들의 인식이 모두 좋은 것만은 아니랍니다.

우주왕복선

여러분들은 셔틀버스라는 말을 들어보셨을 겁니다. 집에서 백화점이나 학원 등과 같은 장소를 왕복시켜주는 버스를 말하지요. 우주에도 이런 것이 있답니다. 우주왕복선은 우주공간이나 우주정거장과 지구 사이를 왔다 갔다 할 수 있게 해 주는 일종의 셔틀버스 역할을 하는, 사람이 타고 있는 우주선을 말합니다. 스페이스 셔틀이라고 하지요.

예전에는 우주선들이 우주비행을 마치고 지구로 돌아오면 우주

인들은 낙하산으로 착륙하고 우주선은 바다나 사막에 버려졌어요. 이렇게 하다 보니 한 번 쓰고 버리는 우주선은 낭비가 너무 심해 반복해서 쓸 수 있는 우주왕복선을 만들게 되었답니다. 우주왕복선은 우주정거장을 만드는데 필요한 여러 가지 물품들을 운반해 주기도 하고 우주왕복선 내에서는 인간이 우주환경에서 생활할 때 나타나는 여러 가지 상황들을 실험하기도 합니다. 우주 왕복선은 약 100회 정도 반복하여 사용할 수 있습니다. 여러 가지 임무를 수행하고 지구로 돌아온 우주왕복선은 날개와 바퀴가 달려있어 비행장의 활주로에 비행기처럼 착륙합니다.

지금까지 활동한 우주왕복선으로는 컬럼비아호, 챌린저호, 디스커버리호, 아틀란티스호 등이 있답니다.

허블우주망원경

예로부터 우주에 대한 연구는 망원경으로부터 시작되었습니다. 요즘 시대에는 우주로 직접 탐사선을 보내어 우주를 연구하기도 하지만 탐사선이 갈 수 있는 곳은 기껏해야 태양계 행성 정도이고 그것도 자료를 얻으려면 몇 년씩 오랜 시간이 걸린답니다. 그래서 아직까지도 망원경을 통한 우주 연구도 이루어지고 있어요. 그런데 지상에서 망원경으로 관측하면 지구의 공기 때문에 제대로 된 관측을 하기 어려워요. 그래서 천문학자들은 이 고민거리를 해결하기 위해 지구의 공기가 없는 우주공간에 망원경을 띄워 놓고 관측하고 싶어했지요. 드디어 천문학자들의 오랜 꿈이 이루어져 1990년에 우주공간으로 허블망원경을 띄우게 되었고 1994년 1월부터 관측을 하고 있답니다.

허블 우주망원경

허블망원경은 관측 능력이 아주 뛰어나기 때문에 멀리 있어 볼 수 없는 작은 것까지 보여준답니다. 허블망원경은 태양계 행성뿐 아니라 아주 멀리 있는 별, 은하들을 관측하면서 예전에는 몰랐던 우주세계를 우리에게 알려주고 있습니다.

어딘가에 있을 무언가를 위해

우주에는 셀 수도 없이 많은 별들이 있습니다. 우주에 살고 있는 우리들은 드넓은 우주 어딘가에 지능을 가진 생명체가 있을 것이라고 생각합니다. 우주에 생명체가 있는지 알아보는 방법은 여러

별에 직접 가보는 것이 가장 좋지만 현재까지의 기술로는 너무 멀어서 갈 수가 없지요. 그래서 천문학자들은 외계에 지능을 가진 생명체가 있다면 그들도 우리를 찾을 것이고 그렇다면 그들이 우리를 찾기 위해 보내주는 신호를 받아서 그들과 교류하려는 노력을 하는데요. 이게 바로 외계지적생명체탐사계획(세티 SETI, Search for Extra-Terrestrial Intelligence)입니다. 이 세티 계획은 일반 가정에서 개인이 참여할 수도 있습니다. SETI@home은 컴퓨터가 인터넷에 연결되어 있으면 사용자가 컴퓨터를 쓰지 않는 동안 외계의 신호를 탐색한답니다. 외계 문명의 희미한 속삭임을 듣는 것만으로도 흥분되지 않습니까? 외계 신호를 받고 받은 신호를 해석하여 그들에게 보내주고 하는 일은 오랜 시간을 필요로 하는 인내심을 갖고 추진해야 할 작업입니다. 지금까지 이러한 계획이 얻은 성과는 없었지만 앞으로 우주의 비밀을 조금씩 풀어나가는데 도움을 줄 것입니다.

그렇다면 사람들은 왜 이렇게 외계의 생명체를 찾으려 할까요? 어쩌면 인간은 알면 알수록 호기심만 늘어가는 너무나도 공허한 우주 속에서 외로워 친구를 찾는 일을 하는 것인지도 모릅니다. 무언가 있다면 반드시 멀지 않은 미래에 만날 수 있겠죠? 누군가는 지금도 열심히 찾고 있답니다. 어딘가에 있을 그 무언가를 위해……

우리가 우주를 모른다고 해도 우주는 언제나 우리 곁에 있으며 인간은 우주와의 관계 속에서 살아가야만 합니다. 인간이 우주를 탐구하는 최종적인 목적은 거대한 우주를 보며 나 자신을 돌아보게 되고 그 속에서 진정한 나의 모습을 찾는데 있을 것입니다.

신은 인간에게 우주 탄생의 비밀을 던져놓고 우리에게 그것을 해결하라고 합니다. 어쩌면 해답은 이미 주어졌는지도 모릅니다. 신이 인간에게 준 우주의 근원에 대한 호기심과 이것을 해결하고자 하는 새로운 것에 대한 인간의 도전 의식은 결국 인류의 더 나은 삶을 위한 지름길이 될 것입니다.

지구과학 선생님의 마지막 한 말씀

우주 여행으로 여러분을 초대합니다!

"바닷가의 모래알이 많을까? 하늘의 별들이 많을까?"

"외계인이 정말 있어요? 어떻게 생겼어요?"

"우리는 왜 끊임없이 외계 생명체에 대해 관심을 보이는 걸까?"

"실제 외계 생명체가 짠~ 하고 내 앞에 나타나게 된다면 어떤 기분일까? 그 다음엔 뭘 해야 하지?"

"우주 탄생은 어떻게 시작됐을까? 이 세상이 왜 만들어졌지? 왜 존재할까?"

우주과학을 공부하다 보면 끝도 없는 질문들이 이어집니다. 우리는 가끔씩 어디서 와서 어디로 가는지 이러저러 궁금한 것들에 대해 호기심을 갖고 많은 생각을 합니다. 그리하여 우주과학을 공부하다 보면 너도 나도 철학자가 됩니다.

밤이나 낮이나 하늘을 관측하고 더 나아가 지구가 속해 있는 드넓은 우주를 연구하는 것은 정말이지 매력적인 일입니다. 아무도 알지 못하고 가보지 못한 미지의 세계를 발견하고 드넓은 우주에 나만의 공간을 발견한다는 것은 뭔가 짜릿하고 흥분된 일일 것입니다.

우주는 인간이 상상할 수 없을 정도로 엄청나게 크다고 하지요. 그렇지만 아무리 큰 우주라 할지라도 결국 이 모든 것들을 생각하는 주체는 바로 우리 자신입니다. 그래서 인간은 하나의 소우주인 것입니다.

"손오공의 구름 자가용은 정말 솜사탕으로 만들어졌을까?"

"무지개 다리를 건너면 누가 살고 있을까?"

어린 시절 가졌던 동화적 상상력이 과학적 호기심이 되고 과학의 진리 탐구로 이어지는 일련의 과정을 통해 궁금했던 것들은 사실이 되고 자연의 원리가 밝혀지게 됩니다.

어린 시절 꿈이 우주과학자였던 학생들이 이 책을 통해 자신의 소중한 꿈을 소신껏 이루어 나갈 수 있는 여건이 마련되길 바라며, 멋진 신세계를 만들어 갈 여러분들을 무한한 가능성의 세계로 초대합니다.

　여기서는 인간의 손길이 닿을 수 있는 우주공간 중에서 지금까지 알려진 태양계 구성원들에 대한 다양한 정보를 이야기 형식으로 담았습니다. 주인공과 함께 우주선을 타고 여행을 하는 기분으로 책을 읽었다면 멋진 우주 여행의 경험이 되었을 것이라 생각됩니다.

　이 책을 읽고 난 후 오늘 밤하늘이 어제 본 밤하늘보다 친근하고 사랑스럽다면 여러분들은 이미 우주 탐사의 여정에 한걸음 더 다가섰다고 볼 수 있습니다. 우주 탐사에 대한 인류의 노력은 앞으로도 계속될 것입니다. 여러분들이 그 대열의 주인공이 되기를 기대해 봅니다.

　밤하늘의 많은 별들은 지금도 반짝 반짝이며 우리에게 계속 말을 걸어오네요.

　가만히 귀 기울여 보세요. 우주의 소리가 들릴 것입니다.

눈깜짝씨의
**짜릿한
우주 견문록**

초판 발행 | 2006년 6월 30일
2쇄 발행 | 2008년 6월 27일

지은이 | 장병선
그린이 | Amebafish
펴낸이 | 심만수
펴낸곳 | (주)살림출판사
출판등록 | 1989년 11월 1일 제9-210호

주소 | 413-756 경기도 파주시 교하읍 문발리 파주출판도시 522-2
전화 | 영업 031)955-1350 기획·편집 031)955-1363
팩스 | 031)955-1355
e-mail | salleem@chol.com
홈페이지 | http://www.sallimbooks.com

ISBN 89-522-0523-5 43440

값 9,800원